中国科协繁荣科普创作资助计划项目
上海科普图书创作出版专项资助
教育部"长江学者和创新团队发展计划"项目（IRT1134）
山东省"泰山学者"建设专项

多彩的蘑菇世界

东北亚地区原生态蘑菇图谱

图力古尔 著

上海科学普及出版社

图书在版编目（CIP）数据

多彩的蘑菇世界：东北亚地区原生态蘑菇图谱 / 图力古尔著.
-- 上海：上海科学普及出版社，2012.7
ISBN 978-7-5427-4882-9
Ⅰ.①多… Ⅱ.①图… Ⅲ.①蘑菇－东北亚－图谱 Ⅳ.①S646.1-64
中国版本图书馆CIP数据核字(2011)第033548号

责任编辑：王佩英　董祥富
装帧设计：陈君勇
技术编辑：葛乃文

多彩的蘑菇世界
东北亚地区原生态蘑菇图谱

图力古尔　著

上海科学普及出版社出版发行
（上海市中山北路832号　邮政编码：200070）
http://www.pspsh.com

各地新华书店经销
上海丽佳制版印刷有限公司印刷
开本　889×1194　1/16　印张 14.75
2012年7月第1版
2012年7月第1次印刷

ISBN 978-7-5427-4882-9
定价：138.00元

本书若有缺页、错装或坏损等严重质量问题，请向出版社联系调换

序 Foreword

蘑菇按《菌物字典》第十版的解释是指：①伞菌（牛肝菌）、担子菌，特别是可食的；②肉眼可见，手可采摘，有明确子实体的一类菌物。按照第一点，显然像羊肚菌这样公认为蘑菇的子囊菌没有包括在内；按第二点，许多菌类像黏菌已不属真菌的原生动物类菌物，亦肉眼可见，手可采摘，具有明确子实体，可一般又不称其为蘑菇，所以尽管权威的书中这样界定，其他国家如英国、美国、日本的书中，也往往把黏菌和部分大型子囊菌择其相近者收入。《大不列颠百科全书》对蘑菇的定义就更窄了，其定义的蘑菇是："某些会产生伞状子实体的真菌，尤其是担子菌纲、伞菌目真菌或其伞状子实体，一般指可食者，尤指田野及草甸中的可食种类。"

说到蘑菇，西洋人的狂热和深厚底蕴，我曾在《中国长白山蘑菇》一书中发过感慨：真的不是对同胞的小觑；真的是对同胞的这份情结的期盼；西洋人每年的"mushroom day"，万人空巷，涌入林中，寻觅蘑菇的那种劲头，哪怕万一于我们的孩子们，也不至于我们对蘑菇产生那么的迷茫！东洋可能被认为是有闲阶级的人数较众，闲时遁入自然，亲近自然，享受自然，其自然观察的系列丛书自不胜枚举，飞禽走兽、野草林木一应俱全，这也就不难理解了。照片精致，印刷精良，其《木之子》（きのこ）的图鉴让人爱不释手。晚近，我的朋友，森林综合研究所根田仁教授馈赠一本《きのこ博士入門》，这是一本真正为"孩子们"准备的入门之书，寄托着成为蕈菌博士的希冀！在扉页他用毛笔写给我"菌不孤，必有邻"，又一次带给了我震动！东邻已有敲门之砖，我们将作何应对？

己丑年春节后，图力古尔教授送来他利用这个特殊寒假写成的《多彩的蘑菇世界——东北亚地区原生态蘑菇图谱》一书，带给我新春的惊喜，他是个笔耕不辍的勤奋学者，手头的教学科研"正事"缠身，虽然此前偶有拗不过一些杂志编辑的盛情写过几篇文图并茂的短文，毕竟是有略施小计，闲来命笔，茶余饭后的味道。这次是正经地写成体量不小的一本图书！且是在我一直思索国人应有此举的期盼中，窗外虽寒意仍浓却如送来了一缕春风！其惬意、快意自不是仅文字足以表达的！

书中的知识点的采撷，科学性极强，图注则不同于国内及国际许多同行的线条图而均为典型照片，仅此已足见多年积累的功力。读来有循循善诱之感；特别是附录部分的采集、整理更是中文图书中的仅见！我们科学普及的行列中需要这样的图书；我们菌物科学的教育中需要这样的图书；我们菌物学的后继者的求知路上需要这样的图书；我们渴望亲近自然的孩子们需要这样的图书；我们已有所成的科学家们更需要写这样的图书！

几年前，图力古尔在其《大青沟自然保护区菌物多样性》一书问世时让我写上几句，当时我曾写道：面对"恶劣环境的忍受"、"心路上的孤寂"，"不要闻之已动容"、"悚然而驻步"，而要勇敢地"面对大自然中的生灵一吐胸中块垒，最终和他们一起升华、涅槃。"其实真正的艺术家、科学家抑或是政治家，耐得住"孤寂"是成功的前提！孤寂中的精彩是真正的精彩，繁华中的落寞才是不可修复的落寞！

我的这个学生和助手已不是刚从大青沟走出的"柱子"（图力古尔蒙古语意为柱子），十年孤寂的心路历程已将他磨炼成为科尔沁草原飞出的雄鹰！祝福他飞得更高更远！

中国工程院院士
中国菌物学会理事长
吉林农业大学教授　博士生导师

日本脐菇
Omphalotus japonicus
(Kawam.) Kirchm. & O.K. Mill.

目录 | CONTENTS

1 什么是蘑菇
蘑菇在生物界中的地位 ……………………………… 2
蘑菇在自然界中的作用 ……………………………… 3

2 蘑菇的一般特征
宏观特征 …………………………………………… 6
微观特征 …………………………………………… 22

3 蘑菇的生长发育
蘑菇的"种子"——孢子 …………………………… 24
蘑菇的"细胞"——菌丝 …………………………… 27
蘑菇的"年龄" ……………………………………… 28
蘑菇的生长发育 …………………………………… 29
蘑菇的人工栽培原理 ……………………………… 30

4 蘑菇的主要类群
蘑菇家族之一：子囊菌 …………………………… 33
蘑菇家族之二：担子菌 …………………………… 47
冒充蘑菇的其他菌物 ……………………………… 155

5 蘑菇的生态适应与分布类型
腐生真菌 …………………………………………… 162
共生真菌 …………………………………………… 170
寄生真菌 …………………………………………… 171
蘑菇与其他生物的关系 …………………………… 172
蘑菇的分布类型 …………………………………… 175
蘑菇的警戒色和保护色 …………………………… 176

6 蘑菇的经济价值
常见药用真菌 ……………………………………… 178
常见食用真菌 ……………………………………… 183

7 毒蘑菇家族
常见毒蘑菇 ………………………………………… 198
毒蘑菇的识别 ……………………………………… 204
毒蘑菇的未来开发前景 …………………………… 205

附录：蘑菇标本的采集技巧与注意事项 …………… 206
参考文献 …………………………………………… 211
分类系统 …………………………………………… 212
中文索引 …………………………………………… 215
拉丁学名索引 ……………………………………… 219
后记 ………………………………………………… 227

一场秋雨过后，当你走进大自然——森林、草地、田野，或者就在喧嚣的城市道路旁，只要你略加注意就会发现大大小小、颜色各异、奇形怪状的蘑菇钻出地面，仰望着蓝天，似乎用它们的身躯来点缀这个世界。此时停下你的脚步，仔细打量一下这些可爱的"天外来客"，你就会观察到它们中有的孤零零的，有的结伴而行，有的成群结队，默默地探出头来，似乎诉说着什么；有的高贵华丽，有的温文尔雅，有的落落大方、亭亭玉立，还有的含情脉脉、含蓄内向……你也许第一次被人以外的社会所吸引，也许第一次发现了地球上的另一个世界——多彩的蘑菇世界！

1 什么是蘑菇
What is a mushroom

说起蘑菇，人们首先想到的也许是长在田边、地头上的田头菇，生于房前屋后的狗尿苔（鬼伞），雨后出现在草地上的马粪包（马勃），或者是菜市场上看到的平菇、香菇、猴头……

蘑菇在生物界中的地位

250多年前，瑞典一位生物学家把地球上的生物划分为两大类，即动物和植物。今天连幼儿园的小孩也能回答这个问题：生物分几大类？动物和植物。然而，在18世纪这却成了惊人的成就，那位生物学家便是大名鼎鼎的分类学大师林耐，他所提出的是生物的"两界系统"，即生物划分为动物界和植物界。分界的依据大致是很多人所认为的那样，动者为动物，静者为植物。他在巨著《植物种志》（1753年）中依据花部的形态及数目又把植物界分为24个纲。

那么，没有花的植物怎么办？这个问题似乎难住了这位大师，他干脆把所有不开花的植物，如苔藓、地衣、蕨类和蘑菇统统放在了他的最后一纲——第24纲中，由于这些植物与众不同，不开花，不结种子，用孢子来繁殖后代，后来又称"孢子植物"或"隐花植物"。尽管如此，略加分析即可发现这些植物也不是"同类"的，苔藓和蕨类是绿色植物，能进行光合作用，利用二氧化碳和水制造出碳水化合物。而地衣和蘑菇则不然，它们没有叶绿体，是非绿色植物（有时呈现绿色是由于含色素类物质所致），因此不能进行光合作用。因为自身不能制造养分，所以只能靠腐生、寄生或共生方式生活。林耐之后的科学家把这类生物归结为"真菌"或"菌物"。

据预测，世界上的真菌或菌物种数达150万种之多，是一个庞大的类群，其中仅有5%的种类被人类所认识和记载。习惯上把真菌中个体比较大的叫做"大型真菌"或"蕈菌"，俗称"蘑菇"。包括一部分子囊菌（如冬虫夏草、羊肚菌）和担子菌中的肉质的伞菌（如双孢菇、草菇）、木质或木栓质的多孔菌（如灵芝）、腹菌（如马勃），也包括珊瑚菌（如枝瑚菌）、胶质菌（如木耳、银耳）等。

大多数植物能够进行光合作用，而少数植物体内缺乏叶绿体不能进行光合作用。列当寄生在蒿属植物的根上，通过异养方式得到养分。

蘑菇不能进行光合作用，靠异养方式生活，有腐生、寄生和共生。如生于腐木上的黏盖鳞伞。

中国人对蘑菇的认识和利用由来已久。古代对菌类有众多名称，如菌、蕈、芝、蘑、菇、菰等。先民们很早就认识和利用菌类，如酱菜的制作以及食用菌、药用菌的栽培和应用。据记载，20世纪70年代在浙江余姚发掘的6 000年前的古代遗址中，也发现了真菌的遗迹。中国古籍上有许多有关真菌的记载，特别是发酵酿酒方面，在新石器时代就有了。中国人不仅很早就利用酵母菌，还利用其他真菌作为酿造、食用或药物。据记载，公元前5 000~前3 000年的仰韶文化时期，中国人已大量采食蘑菇。南宋陈仁玉的《菌谱》记载了浙江等地的11种食用菌，如松蕈、竹蕈、鹅膏蕈等，并对其形态和生态进行了描述和分类。明代潘之恒的《广菌谱》中描述了19种菌物，如木耳、茯苓等。而我国最早的药物学书《神农本草经》（秦汉时期）及历代其他本草书中已记载有茯苓、猪苓、灵芝、紫芝、雷丸、马勃、蝉花、虫草、木耳等。这些真菌经历了上千年医疗实践的考验，迄今仍被广泛应用。

蘑菇在自然界中的作用

从生态系统的角度看，植物是生产者，动物是消费者，而真菌（蘑菇）是分解者。有人计算1公顷森林土壤中菌类的生物量是2吨，周转时间为0.5年，同化率为0.5，则在一年内菌类的化学转化量就达8吨，这是一个了不起的数字。在土壤表面凋落物的纤维素、半纤维素、木质素及淀粉、几丁质等不同基质上生活并分解这些物质的各种腐生真菌，是它们将这些有机物降解成为植物根系可吸收利用的无机养分。从这个意义上讲，菌类既是分解者又是植物营养的贮存库和提供者。其实，这些森林凋落物的分解是从叶片生长阶段就开始的，由于一些小型子囊菌和细菌的侵染，致使枝叶或果实因病害而生长发育不良，落到地面后由地面上的其他真菌继续分解。起初幼嫩的叶肉组织被土壤动物所啃食，只剩下难分解的部分，留给真菌来分解。

假设没有真菌（蘑菇），那么动植物的死体和残体由谁来分解？地球是否会变成一个很大很大的垃圾堆？难以想象。

马粪上生长的裸盖菇。

枯枝上生长的小皮伞。

树桩上生长的云芝。

木蹄层孔菌（*Fomes fomentarius*）长在粗大的倒木上，就是这些木腐菌最终把那些木材分解成植物能够利用的小分子物质释放到环境当中的。从图上可以观察到由于重力作用的影响树木倒之前和倒之后的子实体朝两个方向生长。

2 蘑菇的一般特征
The general characteristics of a mushroom

植物由根、茎、叶、花、果实和种子组成，而蘑菇由菌盖、菌柄、菌环、菌托和菌褶组成。

- 菌盖
- 菌环
- 菌柄
- 菌托

宏观特征
蘑菇的形态

按照产生孢子的方式不同，蘑菇分为两大类——子囊菌和担子菌，子囊菌的孢子在叫做"子囊"的结构里产生；担子菌的孢子在"担子"的上头产生（关于子囊和担子后面将详细介绍）。无论是子囊菌还是担子菌，其产生孢子的结构都叫做"子实体"。子囊菌的子实体称为子囊果，常见的形状有棒状、马鞍形、盘状、球形等。担子菌的子实体称为担子果，担子果有胶质、革质、软骨质、肉质、海绵质、软木质、木栓质或者任何其他质地。形状也多种多样，有花瓣状、伞形、块状、贝壳形、球形、珊瑚状、耳形等。伞菌常分菌盖、菌柄、菌褶、菌环、菌托等几部分。而子实体的色泽、大小、形状、质地等是识别蘑菇时必须观察的内容。只有了解和掌握这些特征我们才有可能认识更多的蘑菇。

子实体形态特征

蘑菇的形态不一定都是标准的"伞形"体形，我们所看到的蘑菇很多时候是各式各样的。有伞形、棒状、高脚杯形、球形、马蹄形等，形成了体态各异的蘑菇世界。

马蹄形（木蹄层孔菌）

球形（马勃）

碗状（核盘菌）

扇形（圆孢侧耳）

子实体细细的分枝像海底的珊瑚（珊瑚菌）

像棒球运动员手里拿的球棒（棒瑚菌）

高脚杯形（杯伞）

伞形（琥珀小皮伞）

2 蘑菇的一般特征

皮质（小皮伞）

碳质（桦褐孔菌）

蜡质（掌状花耳）

木质、木栓质（木蹄层孔菌）

革质（云芝）

肉质（蘑菇）

胶质（胶皱孔菌）

子实体的质地

不同类群的蘑菇其子实体的质地也往往不同，如我们经常食用的木耳、银耳是胶质的，双胞蘑菇、牛肝菌等为肉质，而灵芝则为木栓质等。

多彩的蘑菇世界
东北亚地区原生态蘑菇图谱

蘑菇的色泽

就像本书的书名一样,蘑菇世界是多彩的,它的多彩来自于它的不同的颜色。人们描述蘑菇的第一句话多是红的、白的、紫的等,的确认识一种蘑菇首先关心的是它的颜色。然而,蘑菇的颜色随着它的生长有可能发生一些改变,因此对颜色的记录显得更重要,一般可以用照像的方法得以保留。不言而喻,蘑菇干燥以后颜色的变化就更大了,红的可能变黄了,白的可能变灰了等等。人们所说的蘑菇的颜色是指正常生长子实体的颜色,而更多的是指菌盖的颜色。

红褐色 　　**黄色**

淡紫色 　　**白色** 　　**黄绿色** 　　**蓝色**

天蓝色 　　**红色** 　　**粉色**

8　Colorful World of Mushrooms

蘑菇的大小

蘑菇的个头相差很大,大的可以达到几十厘米,小的只有几毫米甚至更小,这一点蘑菇和动植物没什么两样,与动物世界中有大象也有蚂蚁,植物当中有高大无比的巨杉也有小草是一样的。一般的蘑菇大小在几厘米至十几厘米(人们一般注意不到细小的蘑菇),蘑菇无论大小,其结构基本上一样,所谓"麻雀虽小,五脏俱全"。

靴耳子实体成百上千密集生长在倒木上。

一片枯叶上生长着几十个至上百个小皮伞。

高大环柄菇的菌盖直径可达50cm以上,一个蘑菇可以装满一筐。

纤弱小菇,在面积只有手指甲大的地方能长出几个甚至十几个。

菌盖的形状

蘑菇的菌盖好比人的脸面，是十分重要的特征。包括它的颜色、形状、质地以及有没有附属物等。形状有圆锥形、扁球形、半球形、杯状、斗笠形、乳头状、圆柱形等。但这些描述语只是根据极端的几何形状来说的，自然界的生物更多的是无法用几何形状来描述的。

中部乳头状突起（突顶鳞伞）

半球形（裸盖菇）

斗笠形（湿伞）

中部凹陷呈杯状（杯伞）

圆锥形（变黑湿伞）

圆柱形（毛头鬼伞）

扁球形（紫丁香蘑）

菌盖鳞片及附属物

菌盖上往往长一些附属物,这些特征也是识别蘑菇所应该观察的内容,好比一个人的发型,虽然它不是本质的东西,但是可以帮助我们很快地认识它。菌盖鳞片的类型和样式也是多种多样的,有翘起来的,有成块状的,有毛状的等等,把蘑菇打扮成很"酷"的造型。

块状鳞片均匀分布(豹斑鹅膏)

带有网状棱纹(网顶光柄菇)

毛状鳞片翘起来(翘鳞伞)

菌盖上生有绒毛(毛头乳菇)

有时菌盖边缘残留菌幕(林地蘑菇)

菌盖边缘撕裂（裂盖丝盖伞）

菌盖边缘有放射状条纹（灰鹅膏）

菌盖边缘

　　菌盖的边缘往往可以看到一些重要的特征，如有的蘑菇菌盖边缘内卷或者上翻，有的有放射状条纹等。这些特征一般都是蘑菇的遗传特征，因此对蘑菇的识别是很重要的。

菌盖边缘有颗粒状条纹（臭黄菇）

菌盖边缘内卷（卷边桩菇）

菌盖边缘有褶状条纹（射纹鬼伞）

菌盖边缘上翻（鬼伞）

2 蘑菇的一般特征

菌盖表面胶黏（黏盖丝膜菌）

菌盖表面黏（粪伞）

滑子蘑幼小的子实体

菌盖的黏性

我们说蘑菇的菌盖像人的脸一样，那么蘑菇的这张"脸"也有"干性"和"油性"之别，有的蘑菇的菌盖自始至终都是干性的，而有的蘑菇幼小的时候菌盖油性，长大之后变成干性了。如我们常食用的"滑子蘑"就是这样，于是它得了这样的名字。值得注意的是，和颜色的记录要求一样，蘑菇干湿的记录也要在新鲜时完成，蘑菇晒干了，这些特征自然就消失了，就不易判断其到底是"干性"的还是"油性"的。

Colorful World of Mushrooms 13

乳汁及变色反应

有的蘑菇用手摸它一下或者切开、撕开就变颜色，这种"变脸"的魔术不是所有的蘑菇都具备的，只是少数种类的专利。还有的不是变颜色而是冒出红的、白的各种颜色的乳汁。蘑菇为什么冒乳汁，乳汁有什么用途，目前不得而知，但至少是蘑菇的识别特征之一。

牛肝菌的菌管或菌肉一般都有颜色变化，哪怕只用手摸一下（点柄乳牛肝菌）。

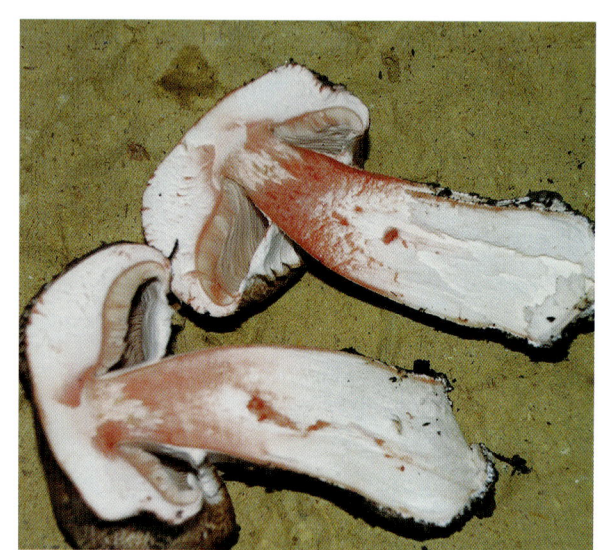

有的蘑菇一切开菌肉颜色就发生变化（红肉蘑菇）。

乳汁白色（多汁乳菇）

乳汁橙色（松乳菇）

用小刀划一下就出"血"的蘑菇（血红小菇）。

菌柄的特征

菌柄就是蘑菇的"腿",然而不是所有的蘑菇都有菌柄,有菌柄的蘑菇其菌柄的长短、粗细、空心、实心以及表面的颜色、黏性和是否有其他附属物是我们应该关心的内容。

伞菌往往菌环以下有鳞片或其他附属物,而菌环以上光滑(环柄菇)。

菌柄有横隔(臭黄菇)

菌柄表面疣突(褐疣柄牛肝菌)

菌柄表面网格状(牛肝菌)

菌柄向下逐渐变粗(棒柄杯伞)

菌柄空心(复生乳菇)

菌柄从菌盖一侧着生于基物上(肺形侧耳)

没有菌柄,菌盖从背面着生于基物上(皱纹桩菇)。

菌柄与菌褶之间的着生关系

菌柄与菌褶的着生关系也是菌褶的重要特征，常作为分类上的依据。大致可分为下列几种类型：

直生，菌褶内端呈直角状着生在菌柄上。

弯生，菌褶内端与菌柄着生处呈一弯曲。

延生，菌褶内端沿菌柄下延。

离生，菌褶内端不与菌柄接触。

直生

延生

弯生

离生

半被果型发育（野蘑菇）

假被果型发育（卷边桩菇）

被果型发育（马勃）

裸果型发育（灵芝）

担子菌子实体发育类型

裸果型：子实层体从它开始出现时起就是裸露的，不被任何组织包裹。

半被果型：担子果发育早期，子实层是被包围的，直到菌盖扩展撕裂内菌幕时，子实层才暴露出来。

假被果型：最初子实层的形成是裸果型的，其后幼小菌盖的边缘向菌柄卷曲，导致子实层短期封闭。

被果型：子实体的产孢结构始终被包围，形成特定的孔口或靠外界力量才能散发孢子。

双层菌环（高大环柄菇）

菌环大而薄膜状（蘑菇）

菌盖被菌幕包被（橙黄鹅膏）

蛛丝状的菌幕（紫丝膜菌）

像戒指一样的环状，皱盖容易脱落（罗鳞伞）。

菌幕与菌环

当蘑菇幼小的时候，往往被一层膜所包裹，这层膜就叫做菌幕。随着蘑菇的长大，由于生长拉力导致菌幕可能被撑破而残留于菌盖上或像腰带一样挂在菌柄上，这时候往往成环状而称作菌环，它们有的呈薄膜状、有的蜘蛛网状、有的像戒指一样，等等。无论是哪一种类型，有没有菌环和菌环的形状都能够帮助我们识别蘑菇。

呈环状颗粒状的菌托（毒蝇鹅膏）

菌托

有的蘑菇菌柄的基部有像鞋或袜子一样的结构，这就是菌托。它实际上就是菌幕的残留。不过，这样像穿着鞋或袜子的蘑菇并不多，很多蘑菇是"光脚"的，也就是没有菌托。菌托的明显程度以及质地等是蘑菇重要的识别特征。值得注意的是，当我们伸手采集蘑菇的时候一定要把菌托挖出来，有的时候毒蘑菇和可食蘑菇的区别就在有没有菌托上，因此不能忽略它。

白色袋状的菌托（灰鹅膏）

大型菌托包住菌柄的下部（银丝包脚菇）

菌褶稀疏，有网状横脉（脉褶菌）。

菌褶与菌管

绝大多数伞菌有菌褶，而一部分成管状，称菌管。无论是菌褶还是菌管都是蘑菇的重要部位，是因为这里产生真菌传宗接代所需的孢子，相当于植物的花。菌褶有的密，有的疏，有的直，有的互相交错成网状。

菌褶稀疏，有网状横脉（小皮伞）。

菌褶稀疏，边缘颜色深（褐褶边奥德蘑）。

菌褶密（银白离褶伞）

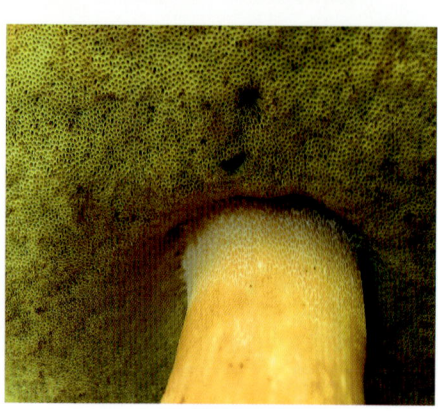

菌管（牛肝菌）

菌褶的颜色

如同菌盖的颜色，菌褶的颜色也是丰富多彩的，也可作为识别蘑菇的辅助特征之一。值得注意的是，菌褶的颜色往往和蘑菇的生长阶段有关，更多的和菌褶上所形成的孢子的颜色有关，一般孢子成熟后颜色加深（如蘑菇）。

淡紫色（小孢菌）

橙黄色（黄毛侧耳）

黄色（柠檬蜡伞）

白色（赭杯伞）

黑褐色（野蘑菇）

褐色（丝膜菌）

肉粉色（蜡伞）

淡粉色（亚脐菇）

菌褶的形态和结构

　　菌褶是伞菌的主要特征，位于菌盖下方，一般以菌柄的着生点为中心放射状地排列，或稀疏或致密，是产生孢子的地方。

　　菌褶往往由长短不一的片状结构组成，每一片叫做褶片。有时褶片之间相互连接成网状。菌褶的横切面呈篦齿状，它是由表面的子实层和内部的褶髓两部分组成的。

 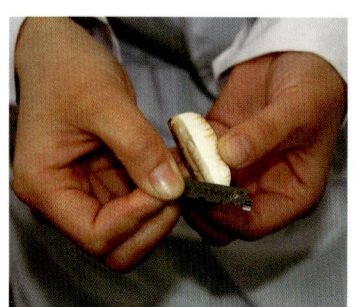 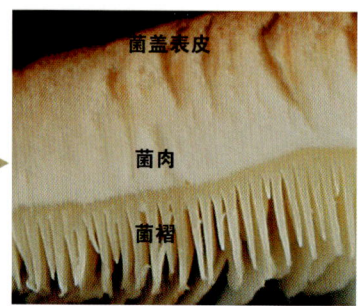 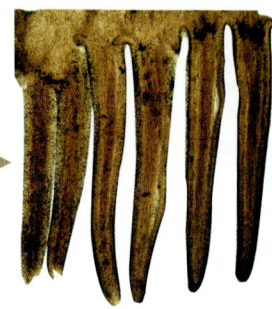

① 子实体。　② 做垂直于菌盖的徒手切片。　③ 菌盖由三种不同结构组成：菌盖表皮、菌肉和菌褶。　④ 菌褶的切片在低倍显微镜下像梳子一样，其表面产生孢子。

微观特征

　　指在显微镜下才能够观察到的特征，这里简单介绍菌褶上具有的一些结构。

菌髓

　　即两层子实层中间的部分，菌丝排列可以是平行的或者是交织的等不同类型。

子实层

　　在菌褶或菌管表面能够产生孢子的结构，由担子和叫做"囊状体"的特殊细胞组成。

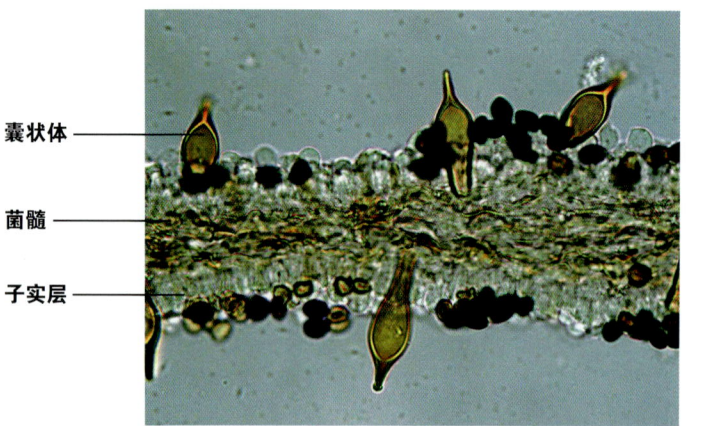

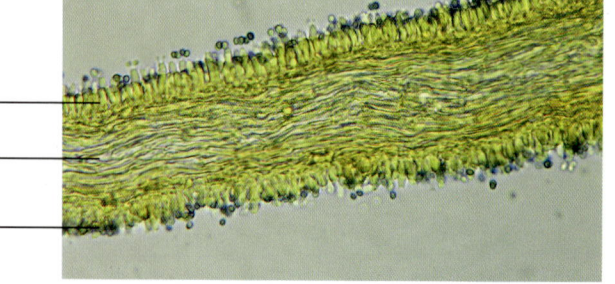

菌褶或菌管表面有子实层，子实层包括担子和囊状体等，担子上面形成孢子。

3 蘑菇的生长发育
The growth and development of mushrooms

众所周知,植物是靠种子繁殖的,而蘑菇没有种子,靠什么来繁殖?
蘑菇的繁殖靠孢子。

蘑菇的"种子"——孢子

孢子与种子的区别在于种子往往比较大，肉眼能够看到它的形态结构，是由很多种组织组合而成，属于一个器官；而孢子往往就是由一个细胞组成，它的形态结构必须靠高倍的显微镜才能够观察到。孢子是单倍体（仅有1套染色体），因此从生物学的角度说更接近于花粉。因蘑菇类群的不同，其孢子的形态及形成方式也不同。一类蘑菇属于子囊菌，它的孢子是由"子囊"产生，叫做"子囊孢子"；另一类蘑菇的孢子是从"担子"上方产生的，叫做"担孢子"，这类蘑菇属于担子菌。

子囊孢子的形状各种各样，有圆形、椭圆形、腊肠形、圆筒形等；表面光滑或具刻纹、瘤状突起；无色或有色。每个子囊内含2、4、8、16个孢子，通常是8个，单行或两行排列。

担孢子的形状、大小、颜色、表面纹饰、孢壁厚度等是进行分类的重要依据之一。种类不同，孢子的形状也常不同，常见的有球形、卵形、椭圆形、圆柱形、腊肠形、肾形、多角形、星形、柠檬形、梭形、纺锤形等。孢子的表面有光滑、粗糙、麻点、小疣、小瘤、刺棱、网棱、沟纹或纵条纹等，用扫描电子显微镜拍摄的照片，孢子壁的各种纹饰更清晰。一般在一个担子上产生4个孢子。

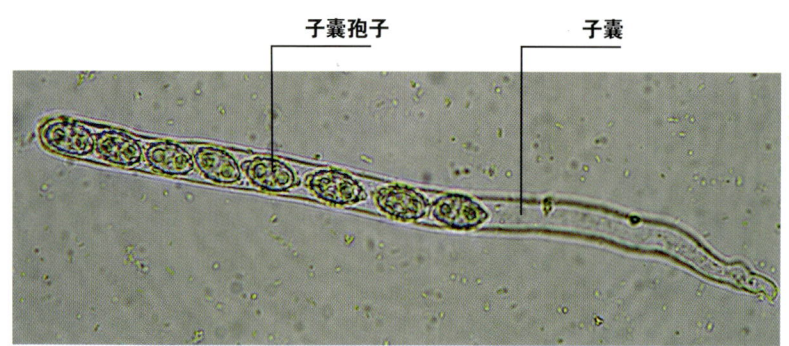
子囊菌产生孢子的结构

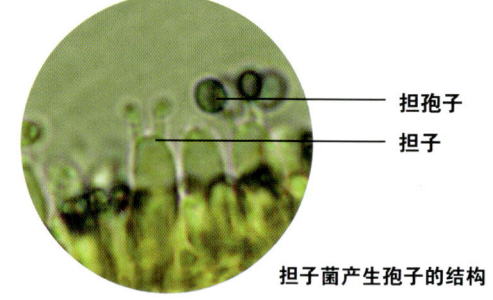
担子菌产生孢子的结构

产生孢子的结构——子囊和担子

子囊的形状有很大差异，核菌和盘菌大多为圆筒形或棒状，罕见椭圆形或卵圆形；有柄或无柄；子囊膜单层或双层。

在担子菌中，担子的构造和形状有很大差异。如木耳有横隔担子，银耳有带纵隔的担子，而花耳的担子不分隔，成熟时上部呈二叉状，成为叉担子。蘑菇中更常见的叫做无隔担子，没有隔膜，在其顶端伸出4个小梗，每个小梗上形成1个担孢子。

脑状纹饰的孢子（裸伞）

小刺猬样的孢子（丝盖伞）

球形有刺的孢子（蜡蘑）

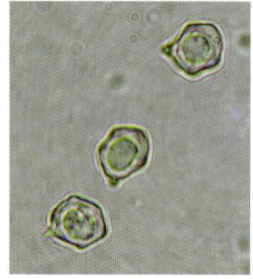
多角形的孢子（粉褶菌）

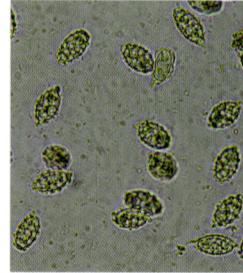
表面有网纹的孢子（网孢盘菌）

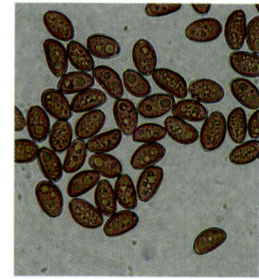
紫红色的孢子（球盖菇）

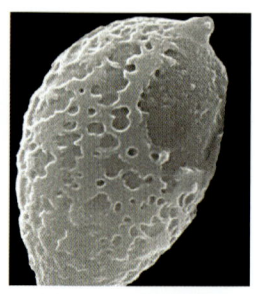
具有部分光滑区的孢子（盔孢菌）

3 蘑菇的生长发育

孢子印

　　担孢子的数量是很多的，一般一个蘑菇所释放出来的孢子的数量达到几亿至几十亿，并且要在很短的时间内释放完毕。一般单个孢子的颜色在显微镜下呈无色或有色，但大量孢子成堆时，会很好地呈现出各自的颜色。我们可利用孢子的弹射原理制作孢子印。方法是：取成熟且新鲜的子实体，把菌柄切掉后将菌盖扣放在白色或黑色的纸上，静放2~3小时或更长时间（因子实体大小和种的不同而有区别），轻轻取出菌盖，则见大量孢子按菌褶放射状排列方式脱落在纸上，形成孢子印。

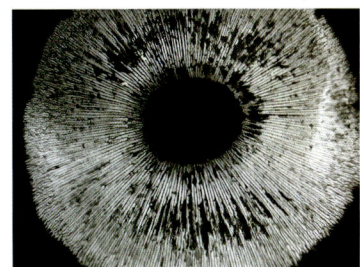
白色孢子印（香菇）

褐色孢子印（田头菇）

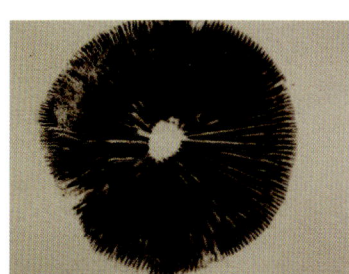
黑色孢子印（斑褶菇）

通过孢子印能看出菌盖直径大小、菌褶的排列及疏密程度等，因此孢子印是一项重要的分类特征之一（盔孢菌）。

孢子印制作方法
孢子印的制作可以分为以下4个步骤：

① **切去菌柄。**

② **菌褶面扣在纸上。**

③ **保湿静放。**

④ **拿开菌盖便可看到孢子印。**

利用孢子的弹射释放原理，生产中采收灵芝孢子粉。

马勃的孢子从它子实体顶端的小孔中释放出来。

孢子的释放与传播

　　孢子成熟以后按照一定的方式从子实体中释放出来。这些数以亿计的孢子或者通过气流，或者以动物（昆虫）为媒介向四处传播。当孢子传播到适宜的环境当中，就可以萌发，长出菌丝，开始新一轮的生长。

扁灵芝的孢子被弹射出来后飞落在菌盖表面及其周围环境中。

蘑菇的"细胞"——菌丝

高等生物是由细胞组成的,大型真菌的细胞是由有隔菌丝组成的。菌丝最外层的结构是细胞壁,是由叫做"几丁质"的物质组成。子囊菌、胶质菌和伞菌的菌丝体和子实体通常由薄壁菌丝细胞组成。而非褶菌的子实体除了薄壁的生殖菌丝外,还有联络菌丝和骨架菌丝两种菌丝,这两种菌丝都是厚壁的。多数担子菌的菌丝体要经过三个明显不同的发育阶段,即初生阶段、次生阶段及三生菌丝阶段。初生菌丝体是由担孢子萌发而形成的单核细胞构成。单核细胞融合及其质配过程,产生了双核细胞,继而发育为双核的次生菌丝体。次生菌丝的细胞壁特化形成三生菌丝。

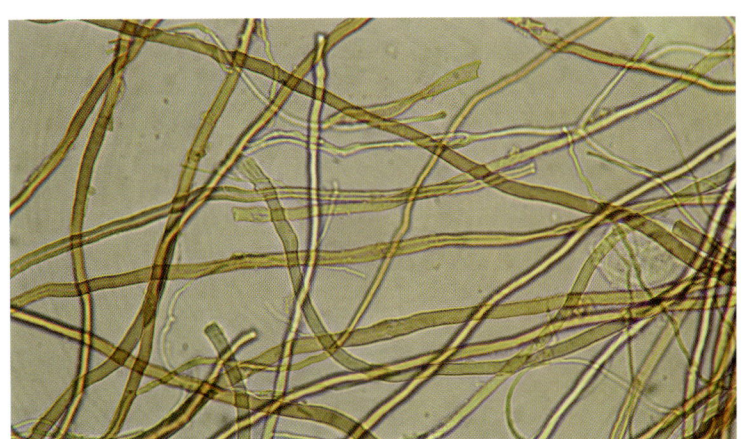

黄褐色的为厚壁菌丝(三生菌丝)

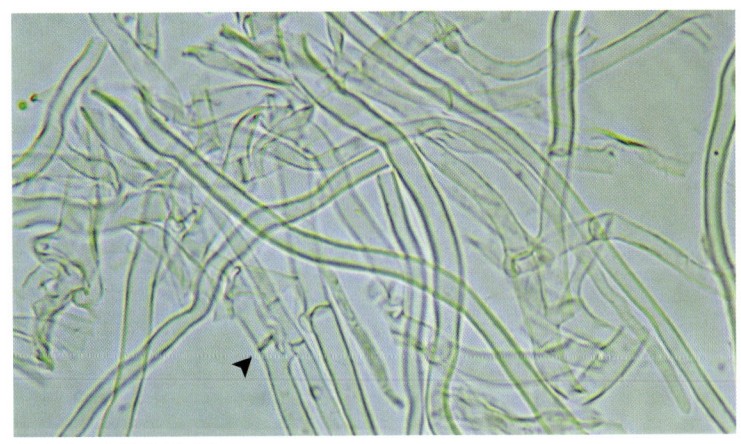

薄壁菌丝(箭头指隔膜)

菌落

菌丝密集生长形成的棉絮状结构,其轮廓、颜色以及生长特点因种类不同而有所差异。

菌核、菌索

菌丝体生长到一定程度,菌丝体变成疏松的或紧密的密丝组织,形成特殊的组织体菌核和菌索来适应或抵抗不良环境。

人工培养的菌落

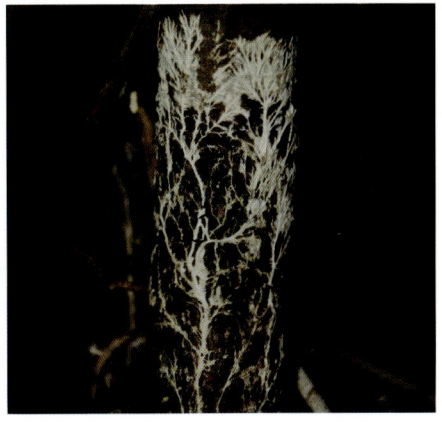

野生状态下的菌索

猪苓的菌核

从这个木蹄层孔菌的"年轮"上看，它有8岁了。

1岁和6岁的木蹄层孔菌

2岁的木蹄层孔菌

菌管层剖面，可看出层纹结构。

蘑菇的"年龄"

生物都有年龄，而且都可以通过观察判断出来。如树木的年龄可以从它的年轮，动物的年龄通过它的牙齿等来判定。菌类的年龄有时候也可以间接地推断出来，如子实体比较坚硬的多孔菌，其菌盖一般一年长一环，这样通过菌盖表面的层纹就可以推算出"年龄"了。然而，更多的肉质伞菌的寿命是极其短暂的，多数为三五天，有的甚至几个小时就结束一个生命周期。严格地讲，蘑菇的年龄不能仅靠子实体的寿命来判断，子实体只是繁殖器官，而它的营养器官（菌丝体）往往被埋没在其生长的基物中而不易被观察到而已，实际上任何蘑菇的菌丝体可以生长几十年，甚至上百年，是超长寿的。

3 蘑菇的生长发育

蘑菇的生活史

　　蘑菇的生长是从孢子开始的，又以产生孢子为终结。从孢子到孢子的循环叫生活史。当一个成熟的孢子离开子实体散落到温度、湿度等适宜的环境中即可萌发，孢子萌发后首先经历单核菌丝阶段，即每一个细胞中只有1个细胞核，这一阶段为单倍体（n）。当两个同源或异源的单核菌丝挨到一起的时候细胞壁互通，一方的细胞核进入到对方的细胞内，这一过程叫做质配。质配是指细胞质融为一体而细胞核处于独立状态，其结果就是从单核阶段进入双核阶段。双核阶段保持时间较长，一般的菌落或菌种都属于双核阶段，这一阶段为双倍体（n+n）。当双核菌丝进一步功能分化后即形成子实体。子实体成熟后产生孢子，产生孢子之前子实层菌丝末端膨大，同时其中的2个核融为一体，即所谓的核配，这时为二倍体（2n），核配后进行减数分裂形成4个核，进一步发育成担孢子，孢子也是单倍体（n）。这样孢子到孢子，周而复始，延续着蘑菇的生长发育。

幼小的子实体

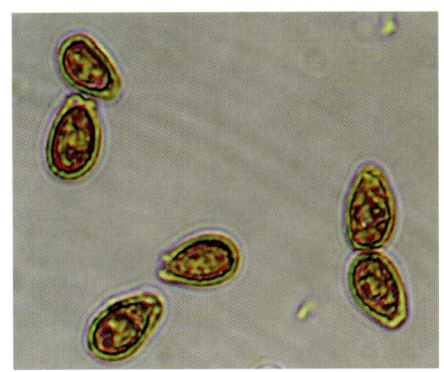

成熟的子实体

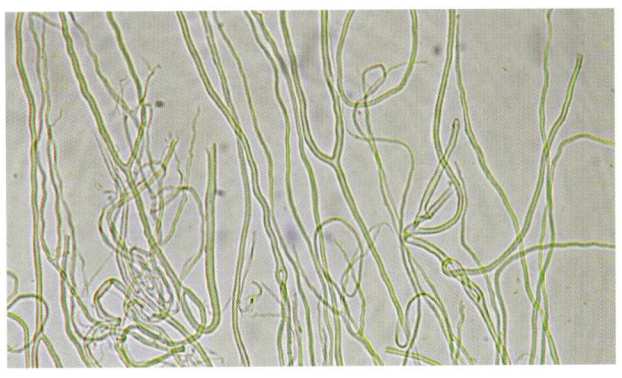

菌丝体

孢子

蘑菇的人工栽培原理

利用蘑菇菌丝体能够长出子实体的原理，我们可以栽培出自己需要的蘑菇来，而栽培的前提是必须有菌丝体，这种特殊的菌丝体叫做菌种。菌种可以通过孢子萌发获得或者直接从蘑菇子实体上分离得到，也就是说蘑菇身上任何一个部位的一块"肉"都能培养出完整的蘑菇来。这不就是生物的"克隆"技术吗？是的，可以说是原始的"克隆"技术。

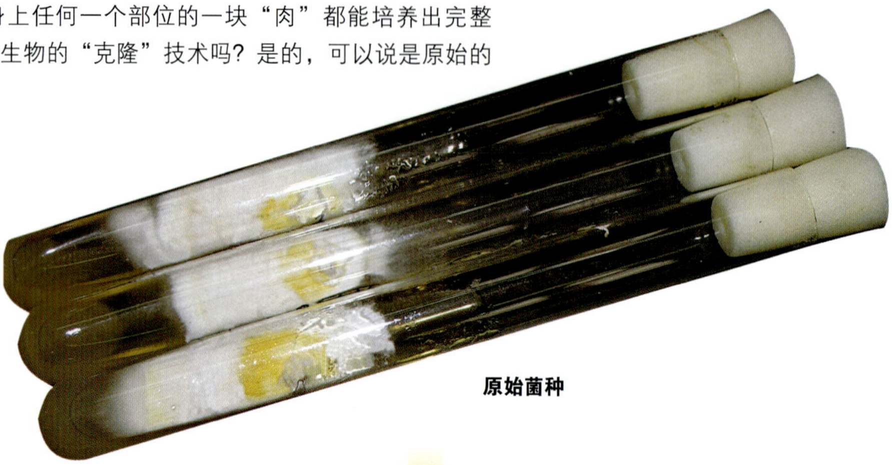

原始菌种

掌状玫耳

肺形侧耳

栽培菌种

斑玉蕈

晶粒鬼伞

4 蘑菇的主要类群
The major groups of mushrooms

人们习惯上把真菌界中的子囊菌和担子菌中个体较大的类群叫做"蘑菇"。实际上,从科学的角度划分,子囊菌包括核菌和盘菌,担子菌分为层菌和腹菌,层菌又分为非褶菌、胶质菌和伞菌。本章节介绍它们当中的常见类群,让你领略色彩斑斓的蘑菇世界。

蘑菇大类群的划分

按Ainsworth（1973）经典分类系统，蘑菇分为子囊菌门和担子菌门两大类，子囊菌门再分为核菌纲和盘菌纲，而担子菌门分为层菌纲和腹菌纲。其中，层菌纲的种类较多，是蘑菇家族的主要成员，可大致归类为非褶菌、胶质菌和伞菌等，其主要特征和分类依据如图所示。然而，分类系统不是一成不变的，最近的分类系统见本书分类系统（212～214页）。本书在蘑菇大类群的划分上采用Ainsworth（1973）分类系统框架，具体分类则参照《菌物字典》（2008）系统编排。

胶质菌类：子实体胶质，干后坚硬，担子有隔膜或呈叉状，木生为主，为腐生真菌。如木耳、银耳等。

非褶菌类：子实体木质、革质、木栓质或肉质，往往有厚壁菌丝，担子无分隔。没有真正的菌褶，孢子产生于菌孔、刺或平滑、皱褶的菌体表面。木生或地生，腐生或寄生。如灵芝、猴头等。

伞菌类：子实体肉质，担子无隔膜，通常仅有薄壁菌丝，孢子从菌褶表面产生。地生或木生，腐生或寄生、共生。如香菇、松口蘑等。

子囊菌门 Ascomycota
子实体内形成子囊，子囊内有2、4、8、16或更多的子囊孢子，通常有8个子囊孢子。绝大多数为多细胞，菌丝有隔，每个细胞含一个或多个细胞核。无性繁殖产生分生孢子。

核菌纲 Pyrenomycetes
子囊为单层壁，生于有孔口的子囊壳内。子囊壳单生或聚生于子座上。

盘菌纲 Discomycetes
子囊果是典型的子囊盘。子囊盘呈杯状、马鞍状等形状。子囊盘通常由子囊和侧丝组成，并且子实层暴露在外面。

担子菌门 Basidiomycota
有性繁殖靠担孢子。担孢子由担子产生，每个担子一般着生4个担孢子，有时2个。其主要生长阶段为次生菌丝体，双核，常有锁状联合。通常不形成无性孢子。

层菌纲 Hymenomycetes
担子果为裸果型或半被果型，肉质、胶质、革质或木质。子实层体（产生孢子的部位）光滑、疣状、齿状、孔状或褶状。菌丝系统单型、双型或三型。担子有的有隔膜，有的没有隔膜。有的有囊状体，有的没有囊状体。担孢子形状多样，或表面光滑或有纹饰，或有色或无色，或淀粉质，或类糊精质或非淀粉质。根据担子有无隔膜而分为有隔担子菌亚纲（Phragmobasidiomycetidae）和无隔担子菌亚纲（Holobasidiomycetidae）。

腹菌纲 Gasteromycetes
担孢子成熟时形成产孢结构或孢体，常被包在一个包被内。孢子往往被动地从子实体释放出。子实体被果型发育。担子棒形或圆柱形。孢子光滑，有时具疣、刺、条纹或网纹等纹饰。

真菌是如何分类的？

真菌的分类和其他生物如植物一样，也是按界（Regnum）、门（Divicio）、纲（Classis）、目（Ordo）、科（Familia）、属（Genus）、种（Species）的等级依次排列的。必要时还可以分出亚门（Subdivicio）、亚纲（Subclassis）、亚目（Subordo）、亚科（Subfamilia）、族（Tribus）、亚族（Subtribus）、亚属(Subgenus)、亚种(Subspecies)等分类辅助等级。种（物种）是真菌分类的基本单位，种下有时还可划分为变种（var.）、亚种（subsp.或ssp.）、变型（f.）。如松口蘑属于真菌界、担子菌门、层菌纲、无隔担子菌亚纲、伞菌目、口蘑科、口蘑属。

真菌是如何命名的？

真菌的命名遵循林耐的双名法，即每个物种的名称是由两个拉丁文词组成。第一个词是属名，其第一个字母要大写。第二个词是种加词，均小写。还要加上命名人的姓或姓名。属名是名词，种加词多为形容词，印刷时排斜体，如 *Tricholoma matsutake*（S.Ito & S.Imai）Singer。

蘑菇家族之一：子囊菌

子囊菌在蘑菇家族中所占的比重不大，种类相对少一些。但是，这里有着菌类当中的"明星"——冬虫夏草、羊肚菌等。因此，子囊菌是蘑菇世界中不可缺少的组成部分。

▶ 中文名称：紫色囊盘菌
拉丁学名：*Ascocoryne cylichnium* (Tul.) Korf
科名：暂不确定
简要特征：群生于腐木面上。子实体深紫色，纽扣形，大小不等。由中部着生，分布广。

▲ 中文名称：网孢盘菌
拉丁学名：*Aleuria aurantia* (Pers.) Fuckel
科名：火丝盘菌科 Pyronemataceae
简要特征：一般长在裸露的沙地上，由于颜色鲜艳而比较容易被发现。

▲ 中文名称：橙色双孢菌
拉丁学名：*Bisporella citrina* (Batsch) Korf & S.E. Carp.
科名：暂不确定
简要特征：子实体盘状，密集群生，橙黄色，具短柄。

◀ 中文名称：胶陀螺
拉丁学名：*Bulgaria inquinans* (Pers.) Fr.
科名：胶陀螺科 Bulgariaceae
简要特征：群生于蒙古栎树干上，可食用，但处理不当会导致中毒。

▸ 中文名称：加拿大虫草
拉丁学名：*Cordyceps canadensis* Ellis & Everh.
科名：虫草科 Cordycipitaceae
简要特征：生于另外一种地下菌大团囊菌上，子实体棒状，明显地分为头部和柄部。头部黄褐色，球形，柄部表面淡黄色。目前在我国只在长白山地区发现。

▸ 中文名称：头状虫草
拉丁学名：*Cordyceps capitata* (Holmsk.) Link
科名：虫草科 Cordycipitaceae
简要特征：子座生于大团囊菌子囊果上，单个或多个，不分枝，柄圆柱形，直或稍扭曲，黄色或黄褐色，上部色暗，有环状的条纹。子座头部近球形，黄褐色至黑褐色，密布颗粒。

▸ 中文名称：绿杯菌
拉丁学名：*Chlorociboria aeruginascens* (Nyl.) Kanouse
科名：暂不确定
简要特征：蘑菇当中少有的呈天蓝色的菌种。生于腐木上，菌体内的色素往往把腐木都染上颜色。

4 蘑菇的主要类群

◀ 中文名称：蝽象虫草
拉丁学名：*Cordyceps nutans* Pat.
科名：虫草科 Cordycipitaceae
简要特征：生于蝽象体上，右图为虫体。子座分为橙红色的头部和黑褐色的柄部。

▲ 中文名称：日本地锤
拉丁学名：*Cudonia japonica* Yasuda
科名：地锤菌科 Cudoniaceae
简要特征：群生于针叶林下苔藓丛中，菇体易碎，头部类似菌盖，菌柄较长，上下几乎等粗。

▲ 中文名称：蛹虫草
拉丁学名：*Cordyceps militaris* (L.) Link
科名：虫草科 Cordycipitaceae
简要特征：虫草属中最常见的种。子座橙黄色，表面有细小颗粒。生于鳞翅目昆虫的蛹上，药用。

▲ 中文名称：膨柄地锤
拉丁学名：*Cudonia circinans* (Pers.) Fr.
科名：地锤菌科 Cudoniaceae
简要特征：生于阔叶林或针阔混交林地，菌柄基部明显膨大。

▲ 中文名称：炭球菌
拉丁学名：*Daldinia concentrica* (Bolton) Ces. & De Not.
科名：炭角菌科 Xylariaceae
简要特征：极其常见，切开以后像木炭，并且有明显的环纹。

▲ 中文名称：大团囊虫草
拉丁学名：*Elaphocordyceps ophioglossoides* (Ehrh.) G.H. Sung, J.M. Sung & Spatafora
科名：线虫草科 Ophiocordycipitaceae
简要特征：虫草类真菌，但生在另外一种菌体大团囊菌上，因此而得名。

▲ 中文名称：胶球菌
拉丁学名：*Entonaema splendens* (Berk. & M.A. Curtis) Lloyd
科名：炭角菌科 Xylariaceae
简要特征：像橡皮球，外层胶质，受损或切开后出现橙红色汁液。腐木生。奇怪的是此菌往往与炭球菌为伴。

▲ 中文名称：盖氏盘菌
拉丁学名：*Galiella amurensis* (Lj. N. Vassiljeva) Raitv.
科名：肉盘菌科 Sarcosomataceae
简要特征：像一个大盘子，专门生长在云杉等针叶树的倒木或枯枝上。

4 蘑菇的主要类群

◀ 中文名称：褐鹿花菌
拉丁学名：*Gyromitra infula* (Schaeff.) Quél.
科名：平盘菌科 Discinaceae
简要特征：形状类似马鞍菌，秋季生于针叶林地。有毒。

▲ 中文名称：鹿花菌
拉丁学名：*Gyromitra esculenta* (Pers.) Fr.
科名：平盘菌科 Discinaceae
简要特征：早春生于林地，头部红褐色，脑状，柄光滑。有毒。

◀ 中文名称：棱柄白马鞍菌
拉丁学名：*Helvella crispa* (Scop.) Fr.
科名：马鞍菌科 Helvellaceae
简要特征：马鞍菌中的"巨人"，其主要特点是菌柄上有纵向棱纹。

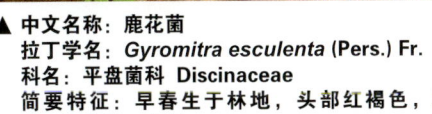

◀ 中文名称：马鞍菌
拉丁学名：*Helvella elastica* (Scop.) Fr.
科名：马鞍菌科 Helvellaceae
简要特征：因形体酷似马鞍而得名。其特点是个体比较小，菌柄光滑。

▲ 中文名称：地盘菌
拉丁学名：*Geopora tenuis* (Fuckel) T. Schumach.
科名：火丝盘菌科 Pyronemataceae
简要特征：像镶嵌在沙地中的碗，半埋生沙土中。内部表面灰白色，光滑。边缘往往不规则裂开。

◀ 中文名称：地衣状类肉座菌
拉丁学名：*Hypocreopsis lichenoides* (Tode) Seaver
科名：肉座菌科 Hypocreaceae
简要特征：国内仅在长白山有生长的报道，形态独特，少见。

▲ 中文名称：脑状腔地菇
拉丁学名：*Hydnotrya cerebriformis* (Tul. & C. Tul.) Harkn.
科名：平盘菌科 Discinaceae
简要特征：生于地下，像马铃薯。表面黄褐色至褐色，内部迂回呈迷宫状。可食用。

▲ 中文名称：大孢虫花
拉丁学名：*Isaria japonica* Yasuda
科名：虫草科 Cordycipitaceae
简要特征：虫生菌之一种，像花束一样展开，黄白色的柄，白色的头部。

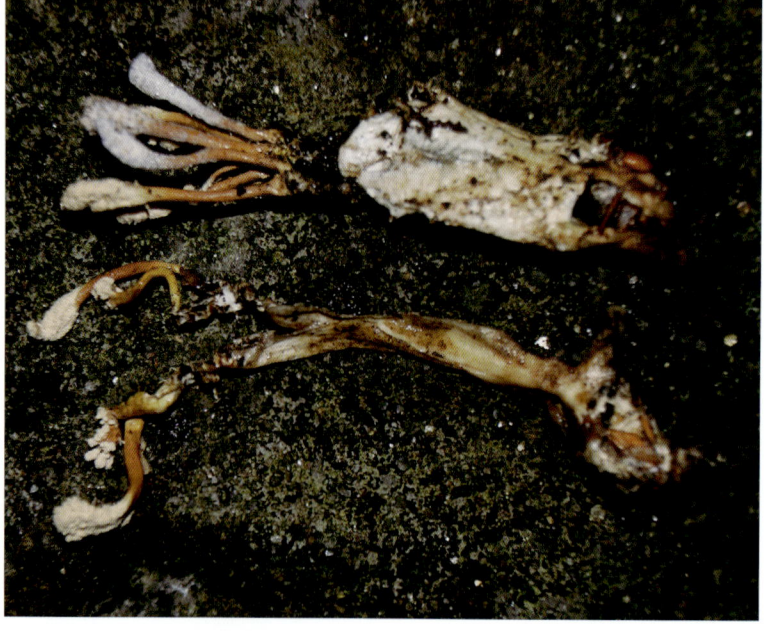

▲ 中文名称：辛克莱棒束孢
拉丁学名：*Isaria sinclairii* (Berk.) Lioyd
科名：虫草科 Cordycipitaceae
简要特征：生于鳞翅目昆虫蛹上，以往认为是"蝉花"，其实它是蝉花的无性型，即不产生有性孢子。

▼ 中文名称：半球盾盘菌
拉丁学名：*Humaria hemisphaerica* (F.H. Wigg.) Fuckel
科名：火丝盘菌科 Pyronemataceae
简要特征：坛状子实体的外表黄褐色，里面灰褐色，边缘有长毛，有时锯齿状开裂。

▲ 中文名称：锤舌菌
拉丁学名：*Leotia lubrica* (Scop.) Pers.
科名：锤舌菌科 Leotiaceae
简要特征：子实体形状像伞菌，菌盖黄绿色至玛瑙色，光滑，稍黏，菌柄黄褐色。丛生或群生于林中地上。

▲ 中文名称：尖顶羊肚菌
拉丁学名：*Morchella conica* Pers.
科名：羊肚菌科 Morchellaceae
简要特征：菌盖圆锥形，浅褐色，菌柄白色。有时秋季也少量发生。生于林缘草地。可食用。

▲ 中文名称：白毛肉杯菌
拉丁学名：*Microstoma floccosum* (Schwein.) Raitv.
科名：肉杯菌科 Sarcoscyphaceae
简要特征：早春或晚秋生长在林下枯枝落叶中。子囊盘杯状，红色，外面密被白色毛。

中文名称：聚生盘菌
拉丁学名：*Microstoma aggregatum* Otani
科名：肉杯菌科 Sarcoscyphaceae
简要特征：大量子实体聚集生长，外表被白色柔毛，子囊盘收缩顶部留一孔口。

▼ 中文名称：海绵羊肚菌
拉丁学名：*Morchella spongiola* Bond.
科名：羊肚菌科 Morchellaceae
简要特征：我国东北地区较为常见的种，5月中下旬生于青杨、山杨附近的草地。可食用。

▼ 中文名称：蜂头虫草
拉丁学名：*Ophiocordyceps sphecocephala* (Klotzsch ex Berk.) G. H. Sung, J.M. Sung, Hywel- Jones & Spatafora
科名：线虫草科 Ophiocordycipitaceae
简要特征：生于黄蜂的头部，子座细长、弯曲。

▲ 中文名称：畸果无丝盘菌
拉丁学名：*Neolecta irregularis* (Peck) Korf & J. K. Rogers
科名：粒毛盘菌科 Neolectaceae
简要特征：菌体上部鲜黄色，下部淡黄色，不规则棒状。长白山地区近年发现的中国新记录真菌。

◀ 中文名称：粗腿羊肚菌
拉丁学名：*Morchella crassipes* (Vent.) Pers.
科名：羊肚菌科 Morchellaceae
简要特征：俗名"羊肚菜"，是一种珍稀的野生食用菌，目前还不能够人工培养。早春易生长于杨柳树下或火烧地中。

▼ 中文名称：肉棒菌
  拉丁学名：*Podostroma alutaceum* (Pers.) G. F. Atk.
  科名：肉座菌科 Hypocreaceae
  简要特征：野外很容易与蛹虫草相混。肉棒地生，更特别的是子囊里产生16个球形的孢子，而不是多数子囊菌的8个孢子。

▼ 中文名称：居室盘菌
  拉丁学名：*Peziza domiciliana* Cooke
  科名：盘菌科 Pezizaceae
  简要特征：菌体易碎，下部有短的菌柄。可见于居室环境中的纸盒、报纸上。

▲ 中文名称：褐侧盘菌
  拉丁学名：*Otidea cochleata* (Huds.) Fuckel
  科名：火丝盘菌科 Pyronemataceae
  简要特征：子实体盘状，但一侧开口并内卷。

▲ 中文名称：泡质盘菌
  拉丁学名：*Peziza vesiculosa* Bull.
  科名：盘菌科 Pezizaceae
  简要特征：在粪土或者沙地上成丛生长。

多彩的蘑菇世界
东北亚地区原生态蘑菇图谱

◀ 中文名称：红毛盘菌
拉丁学名：*Scutellinia scutellata* (L.) Lambotte
科名：火丝盘菌科 Pyronemataceae
简要特征：密密麻麻地长在潮湿的腐木表面，边缘有睫毛样的棕色毛。

▼ 中文名称：波状根盘菌
拉丁学名：*Rhizina undulata* Fr.
科名：根盘菌科 Rhizinaceae
简要特征：子实体红褐色，边缘白色或黄白色，形状多样，多为马鞍形，边缘波状。下面为黏土色，由几根菌索形成根状结构而伸入腐木或土中。生于温带松树林中，往往生长于火烧地中。

▲ 中文名称：小红毛杯菌
拉丁学名：*Sarcoscypha occidentalis* (Schwein.) Sacc.
科名：肉杯菌科 Sarcoscyphaceae
简要特征：群生于腐木上。子实体明显分子囊盘和柄两部分。子囊盘盘状，肉质，内表面鲜红色，外表面浅红色，近无毛。柄白色，常偏生，较短。

44 Colorful World of Mushrooms

4 蘑菇的主要类群

◀ 中文名称：毛舌菌
拉丁学名：*Trichoglossum hirsutum* (Pers.) Boud.
科名：地舌菌科 Geoglossaceae
简要特征：黑色，子实体的上部呈舌状，基部棒状且表面有细绒毛。

◀ 中文名称：圆锥钟菌
拉丁学名：*Verpa conica* (O.F. Müll.) Sw.
科名：羊肚菌科 Morchellaceae
简要特征：菌盖圆锥形，表面近平滑，浅褐色。可食用。

▲ 中文名称：黑杯盘菌
拉丁学名：*Urnula craterium* (Schwein.) Fr.
科名：肉盘菌科 Sarcosomataceae
简要特征：早春聚生于林地，外表面有褐色簇毛状鳞片，内部黑褐色，有较长的柄伸入土中。

▲ 中文名称：红白毛杯菌
拉丁学名：*Sarcoscypha coccinea* (Jacq.) Sacc.
科名：肉杯菌科 Sarcoscyphaceae
简要特征：秋日里走在林中，如果发现枯枝落叶当中冒出彤红色的一种菌，它就是红白毛杯菌。

▲ 中文名称：黄地勺菌
拉丁学名：*Spathularia flavida* Pers.
科名：地锤菌科 Cudoniaceae
简要特征：勺形的个体，长在枯枝落叶中，因形态特殊而容易识别。

Colorful World of Mushrooms

◀ 中文名称：炭角菌
拉丁学名：*Xylaria hypoxylon* (L.) Grev.
科名：炭角菌科 Xylariaceae
简要特征：菌体线形，基部黑色，上半部分白色，扁，分枝，呈各种形状。生于枯枝上。

◀ 中文名称：多型炭棒
拉丁学名：*Xylaria polymorpha* (Pers.) Grev.
科名：炭角菌科 Xylariaceae
简要特征：像黑色的棒槌，表面有颗粒状突起，切开后里面白色。生于腐木上，常见。

◀ 中文名称：总状炭角菌
拉丁学名：*Xylaria pedunculata* (Dicks.) Fr.
科名：炭角菌科 Xylariaceae
简要特征：一般为食用菌培养料上生长的"杂菌"。

▼ 中文名称：钟菌
拉丁学名：*Verpa digitaliformis* Pers.
科名：羊肚菌科 Morchellaceae
简要特征：菌盖顶端下凹，暗褐色。

◀ 中文名称：皱盖钟菌
拉丁学名：*Verpa bohemica* (Krombh.) J. Schrot.
科名：羊肚菌 Morchellaceae
简要特征：酷似羊肚菌，但菌盖与菌柄完全分离。早春发生。可食用。

蘑菇家族之二：担子菌

相对于子囊菌，担子菌在蘑菇当中的成员很多。为了便于介绍，我们把它粗略地划分为胶质菌、非褶菌、伞菌、腹菌几大类群。

胶质菌

是指菌体新鲜时一般为胶质，而干了以后变得坚硬的一类真菌。这些真菌均长在腐木上，多数可食用。

◀ 中文名称：鹿角菌
拉丁学名：*Calocera viscosa* (Pers.) Fr.
科名：花耳科 Dacrymycetaceae
简要特征：生于针叶树的腐木上，上部树枝状分支，橙黄色，胶质，是一种褐色腐朽菌。

◀ 中文名称：毛木耳
拉丁学名：*Auricularia polytricha* (Mont.) Sacc.
科名：木耳科 Auriculariaceae
简要特征：木耳的姊妹种，可食用，可栽培。

▲ 中文名称：桂花耳
拉丁学名：*Dacryopinax spathularia* (Schwein.) G.W. Martin
科名：花耳科 Dacrymycetaceae
简要特征：成群生长在各种腐木上，甚至在浴室里的木板上都能生长。

▲ 中文名称：毡盖木耳
拉丁学名：*Auricularia mesenterica* (Dicks.) Pers.
科名：木耳科 Auriculariaceae
简要特征：有菌盖，菌盖表面密被毛且有明显的轮纹。生于枯木上。可食用。

▲ 中文名称：短黑耳
拉丁学名：*Exidia recisa* (Ditmar) Fr.
科名：木耳科 Auriculariaceae
简要特征：成片生于枯枝上，片状，深褐色。

◀ 中文名称：皱木耳
拉丁学名：*Auricularia delicata* (Mont.) Henn.
科名：木耳科 Auriculariaceae
简要特征：菌盖表面红褐色，下面皱褶，一侧着生于腐木上。可食用。

▲ 中文名称：虎掌菌
拉丁学名：*Pseudohydnum gelatinosum* (Scop.) P. Karst.
科名：暂不确定
简要特征：生长于高海拔针叶树树干上的珍稀食用菌。

▲ 中文名称：焰耳
拉丁学名：*Guepinia helvelloides* (DC.) Fr.
科名：暂不确定
简要特征：子实体形似火焰而得名。勺形，表面光滑，浅红色或红色，一般群生于阔叶林地上。

▲ 中文名称：黑耳
拉丁学名：*Exidia glandulosa* (Bull.) Fr.
科名：木耳科 Auriculariaceae
简要特征：新鲜时黑褐色，干后黑色，坚硬。常见，可食用。

▲ 中文名称：具核黑耳
拉丁学名：*Exidia nucleata* (Schwein.) Burt
科名：木耳科 Auriculariaceae
简要特征：褐色，块状，胶质。

4 蘑菇的主要类群

◀ 中文名称：粗毛原迷孔菌
拉丁学名：*Protodaedalea hispida* Imazeki
科名：暂不确定
简要特征：稀有真菌，菌盖表面密被羽毛状粗毛，子实层体菌褶状。

◀ 中文名称：银耳
拉丁学名：*Tremella fuciformis* Berk.
科名：银耳科 Tremellaceae
简要特征：通体银白色，可以人工栽培。

▲ 中文名称：褐雪耳
拉丁学名：*Tremella fimbriata* Pers. : Fr.
科名：银耳科 Tremellceae
简要特征：外形像茶耳，但比茶耳质地硬而厚。生于阔叶树腐木上。

▲ 中文名称：茶耳
拉丁学名：*Tremella foliacea* Pers.
科名：银耳科 Tremellaceae
简要特征：属于银耳类，但是颜色和银耳不同，可以叫做"茶色银耳"。可食用。

中文名称：橙黄银耳
拉丁学名：*Tremella mesenterica* Schaeff.
科名：银耳科 Tremellaceae
简要特征：金黄色，花瓣状。

非褶菌

在大型真菌中属于庞大的类群，"非褶菌"可以理解为"不长菌褶的蘑菇"，也就是说它的孢子不是从菌褶上产生的，而是在其他的特殊结构里产生的。具体来说，孢子有可能在菌管、刺、菌褶状裂孔或者在皱褶、平滑的菌体表面上产生。

平滑的菌体表面

菌褶状裂孔

菌管

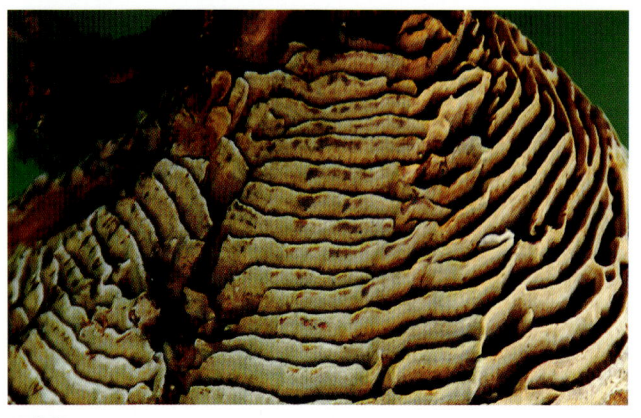

环状褶

刺

4 蘑菇的主要类群

多孔菌类

一般菌体坚硬，生于腐木上而对树木的危害比较大。但也有很多重要经济价值的种类，如著名的药用真菌灵芝、茯苓等。

◀ 中文名称：单色云芝
拉丁学名：*Cerrena unicolor* (Bull.) Murrill
科名：多孔菌科 Polyporaceae
简要特征：菌盖表面被绒毛并有环纹，有时因附生绿藻菌而显绿色。菌孔往往裂成迷宫状。

▲ 中文名称：烟管菌
拉丁学名：*Bjerkandera adusta* (Willd.) P. Karst.
科名：皱孔菌科 Meruliaceae
简要特征：阔叶树腐木上极其常见的种类。照片中的烟管菌的子实体还未长成。菌盖薄，革质。表面黄白色，带细绒毛，从一侧覆瓦状叠生于基物上。菌管面烟灰色而得名。

▲ 中文名称：环褶菌
拉丁学名：*Cycloporus greenei* (Berk.) Murr.
科名：锈革孔菌科 Hymenochaetaceae
简要特征：菌褶状的子实层体为同心环状排列。少见。

◀ 中文名称：丝光钹孔菌
拉丁学名：*Coltricia cinnamomea* (Jacq.) Murrill
科名：锈革孔菌科 Hymenochaetaceae
简要特征：形状像伞菌，但木栓质，有菌孔。表面黄褐色，有光泽，有同心环带。

◀ 中文名称：钹孔菌
拉丁学名：*Coltricia perennis* (L.) Murrill
科名：锈革孔菌科 Hymenochaetaceae
简要特征：与丝光钹孔菌的区别在于菌盖暗褐色，并密生绒毛。生于针叶林地，温带地区广泛分布。

▲ 中文名称：漏斗大孔菌
  拉丁学名：*Favolus arcularius* (Batsch) Fr.
  科名：多孔菌科 Polyporaceae
  简要特征：有菌盖、菌柄，外形像伞菌，但有菌管。菌盖中央脐状凹陷，菌柄细长。群生于腐木。

▲ 中文名称：三色拟迷孔菌
  拉丁学名：*Daedaleopsis tricolor* (Bull.) Bondartsev & Singer
  科名：多孔菌科 Polyporaceae
  简要特征：外观像灵芝，没有菌柄，往往大片叠生在树干上。

▲ 中文名称：粗糙拟迷孔菌
  拉丁学名：*Daedaleopsis confragosa* (Bolton) J. Schröt.
  科名：多孔菌科 Polyporaceae
  简要特征：生于多种阔叶树干上，表面粗糙且有环纹，乳白色。

▲ 中文名称：肉色迷孔菌
  拉丁学名：*Daedalea dickinsii* Yasuda
  科名：多孔菌科 Polyporaceae
  简要特征：此菌的最大特点是表面有很多瘤状疤瘢痕，菌孔为迷宫状。

▲ 中文名称：木蹄层孔菌
  拉丁学名：*Fomes fomentarius* (L.) J. Kickx f.
  科名：多孔菌科 Polyporaceae
  简要特征：长得像马蹄一样，生于桦树等树干上。

▲ 中文名称：红缘层孔菌
拉丁学名：*Fomitopsis pinicola* (Sw.) P. Karst.
科名：拟层孔菌科 Fomitopsidaceae
简要特征：菌体长成后新长出的边缘为红黄色，因此而得名。有一定的药用价值。

▲ 中文名称：大孔菌（棱孔菌）
拉丁学名：*Favolus alveolaris* (Bosc) Quél.
科名：多孔菌科 Polyporaceae
简要特征：菌孔较大，棱形，菌柄短，偏生。

▲ 中文名称：扁灵芝
拉丁学名：*Ganoderma applanatum* (Pers.) Pat.
科名：灵芝科 Ganodermataceae
简要特征：灵芝家族成员，俗称"树舌"、"老牛肝"。极其常见，其提取物有一定药用价值。

▲ 中文名称：粉肉拟层孔菌
拉丁学名：*Fomitopsis rosea* (Alb. & Schwein.) P. Karst.
科名：拟层孔菌科 Fomitopsidaceae
简要特征：马蹄形，菌盖黑褐色，有凸起的环带。菌孔面淡粉色。生于倒木上。

▼ 中文名称：灵芝（栽培）
拉丁学名：*Ganoderma ludidum* (Curtis) P. Karst.
科名：灵芝科 Ganodermataceae
简要特征：由于品种、管理措施及栽培目标的不同，灵芝可以有不同的形状。

▼ 中文名称：灵芝（野生）
拉丁学名：*Ganoderma ludidum* (Curtis) P. Karst.
科名：灵芝科 Ganodermataceae
简要特征：野生灵芝喜欢生长于沙质土，其实它并不是土生的，确切地说它是从埋生的树根或木头上长出来的。

▼ 中文名称：褐褶孔菌
拉丁学名：*Gloeophyllum sepiarium* (Wulfen) P. Karst.
科名：黏褶菌科 Gloeophyllaceae
简要特征：生于落叶松等针叶树干上，木栓质，表面红褐色至深褐色，有环带。子实层体菌褶状。

▲ 中文名称：异担子菌
拉丁学名：*Heterobasidion insulare* (Murrill) Ryvarden
科名：刺孢多孔菌科 Bondarzewiaceae
简要特征：外观特征乍看像灵芝，但其实与灵芝相去甚远，生于松树伐桩或根际上。

▲ 中文名称：粗毛纤孔菌
拉丁学名：*Inonotus hispidus* (Bull.) P. Karst.
科名：锈革孔菌科 Hymenochaetaceae
简要特征：菌盖表面被一层粗毛，从断面上可以看出菌体分为表面的毛层、中间的菌肉层和下边的菌管层。

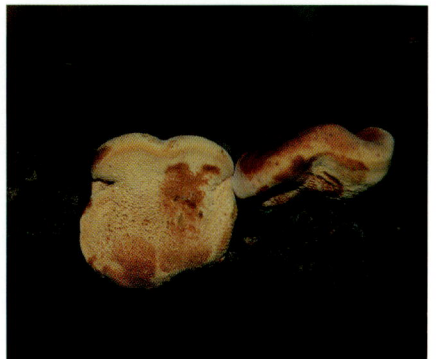

▲ 中文名称：红彩孔菌
拉丁学名：*Hapalopilus rutilans* (Pers.) P. Karst.
科名：多孔菌科 Polyporaceae
简要特征：子实体小型，菌管层遇到碱溶液或手摸后变为深红色，为该菌的主要识别特征。

▲ 中文名称：皱皮菌
拉丁学名：*Ischnoderma resinosum* (Schrad.) P. Karst.
科名：拟层孔菌科 Fomitopsidaceae
简要特征：菌盖黄褐色，带环纹，干后收缩发皱，密生柔毛。

▲ 中文名称：硫磺菌
拉丁学名：*Laetiporus sulphureus* (Bull.) Murrill
科名：拟层孔菌科 Fomitopsidaceae
简要特征：俗称"树鸡蘑"，可食用。

▲ 中文名称：桦褶孔菌
拉丁学名：*Lenzites betulinus* (L.) Fr.
科名：多孔菌科 Polyporaceae
简要特征：菌盖表面毛茸茸的，下边是由菌孔裂成的菌褶状的结构，十分独特。

▲ 中文名称：纤孔菌
拉丁学名：*Inonotus levis* P. Karst.
科名：锈革孔菌科 Hymenochaetaceae
简要特征：生于杨树等阔叶树干上，质地柔软，干后重量明显减轻。表面黏土色，被柔毛。

▶ 中文名称：中国锐孔菌
拉丁学名：*Oxyporus sinensis* X.L. Zeng
科名：暂不确定
简要特征：长白山发现的中国特有真菌。子实体硕大，重量可达到几千克，表面常常有苔藓植物滋生，菌孔面白色，有同心环纹。

▲ 中文名称：昂尼孔菌
拉丁学名：*Onnia scaura* (Lloyd) Imazeki
科名：皱孔菌科 Meruliaceae
简要特征：生于阔叶树干基部，叠生。子实体较大，扇形，木质，易折断。表面大部分颜色为黄褐色，仅边缘为淡黄色。有同心环状波纹，边缘有放射状条纹。

▲ 中文名称：干酪菌
拉丁学名：*Osteina obducta* (Berk.) Donk
科名：拟层孔菌科 Fomitopsidaceae
简要特征：生于树干基部，菌盖边缘花瓣状，菌孔小，无菌柄。

▲ 中文名称：杨锐孔菌
拉丁学名：*Oxyporus populinus* (Schumach.) Donk
科名：暂不确定
简要特征：于树干基部叠生，菌盖表面往往有苔藓植物生长。菌体干后石灰质，易成粉状。

▲ 中文名称：柔毛昂尼孔菌
拉丁学名：*Onnia tomentosa* (Fr.) P. Karst.
科名：锈革孔菌科 Hymenochaetaceae
简要特征：生于树根上，菌盖表面黄褐色，密被柔毛，菌柄较短。

中文名称：紫杉帕氏孔菌
拉丁学名：*Parmastomyces taxi* (Bondartsev) Y.C. Dai & Niemelä
科名：拟层孔菌科 Fomitopsidaceae
简要特征：生于落叶松树干上，红褐色的菌盖让人联想到灵芝。有很浓烈的臭味。

▲ 中文名称：朱红栓菌
拉丁学名：*Pycnoporus coccineus* (Fr.) Bondartsev & Singer
科名：多孔菌科 Polyporaceae
简要特征：颜色鲜艳，朱红色。

▶ 中文名称：宽鳞大孔菌
拉丁学名：*Polyporus squamosus* (Huds.) Fr.
科名：多孔菌科 Polyporaceae
简要特征：经常生长于行道树的树干或基部，子实体硕大。表面有鳞片，背面有菱形的菌孔。

▶ 中文名称：松杉暗孔菌
拉丁学名：*Phaeolus schweinitzii* (Fr.) Pat.
科名：拟层孔菌科 Fomitopsidaceae
简要特征：表面覆盖一层绒毛，呈同心环状。生于落叶松树干或根际上，是一种树木病原菌。

▼ 中文名称：桦滴孔菌
  拉丁学名：*Piptoporus betulinus* (Bull.) P. Karst.
  科名：拟层孔菌科 Fomitopsidaceae
  简要特征：生于白桦树干上。子实体较大，但重量很轻。表面隆起，边缘钝圆，菌孔面白色。

▲ 中文名称：多孔菌
  拉丁学名：*Polyporus varius* (Pers.) Fr.
  科名：多孔菌科 Polyporaceae
  简要特征：菌盖黄褐色，菌柄侧生，基部黑色。生于多种阔叶树腐木上。

▲ 中文名称：毛仙多孔菌
  拉丁学名：*Polyporus brumalis* (Pers.) Fr.
  科名：多孔菌科 Polyporaceae
  简要特征：虽然外形上像伞菌，但孢子在菌管里产生。菌盖表面密被细毛，菌柄短。

◀ 中文名称：蓝灰干酪菌
  拉丁学名：*Postia caesia* (Schrad.) P. Karst.
  科名：拟层孔菌科 Fomitopsidaceae
  简要特征：新鲜时含水量大，表面密生蓝灰色长柔毛，生于倒木上。

▲ 中文名称：黑柄微孔菌
拉丁学名：*Royoporus badius* (Pers.) A.B. De
科名：多孔菌科 Polyporaceae
简要特征：菌盖表面栋褐色，边缘波状或裂开，菌柄短，黑褐色。生于倒木上或树根周围。

▲ 中文名称：毛韧革菌
拉丁学名：*Stereum hirsutum* (Willd.) Pers.
科名：革盖菌科 Stereaceae
简要特征：菌盖薄片状叠生，表面被细毛，子实层面光滑，淡黄色。

▲ 中文名称：巢孔栓菌
拉丁学名：*Poronidulus conchifer* (Schwein.) Murrill
科名：多孔菌科 Polyporaceae
简要特征：幼小的子实体碗状，有环带，长成后呈扇形。生于阔叶树枯枝上。

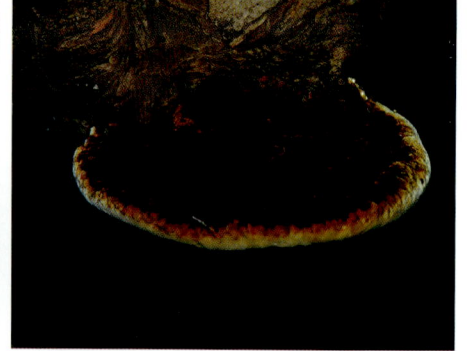

▲ 中文名称：忍冬层孔菌
拉丁学名：*Phellinus lonicericola* Parmasto
科名：锈革孔菌科 Hymenochaetaceae
简要特征：生于忍冬上，表面大茸状，有环带。

▼ 中文名称：亚毛韧革菌
拉丁学名：*Stereum subtomentosum* Pouzar
科名：革盖菌科 Stereaceae
简要特征：扇形或卷成杯状，薄革质，表面带环状花纹，湿后色泽更深，下面光滑。

▲ 中文名称：广叶绣球菌
拉丁学名：*Sparassis latifolia* Y.C. Dai & Zh. Wang
科名：绣球菌科 Sparassidaceae
简要特征：生于红松等针叶树的根际上，花瓣状丛生，酷似绣球花而得名。可食用。

▲ 中文名称：海绵皮孔菌
拉丁学名：*Sarcodontia spumea* (Sowerby) Spirin
科名：皱孔菌科 Meruliaceae
简要特征：新鲜时水分大，柔软，干后缩水变轻。生于树干或倒木上。

▼ 中文名称：杂色云芝
拉丁学名：*Trametes versicolor* (L.) Lloyd
科名：多孔菌科 Polyporaceae
简要特征：菌盖表面密被细毛，成环带，木栓质。往往大量发生。药用。

▲ 中文名称：粗毛栓菌
拉丁学名：*Trametes trogii* Berk.
科名：多孔菌科 Polyporaceae
简要特征：成片生长于杨柳树干或根际，导致木材腐朽折断。菌盖表面密被黄褐色粗毛。

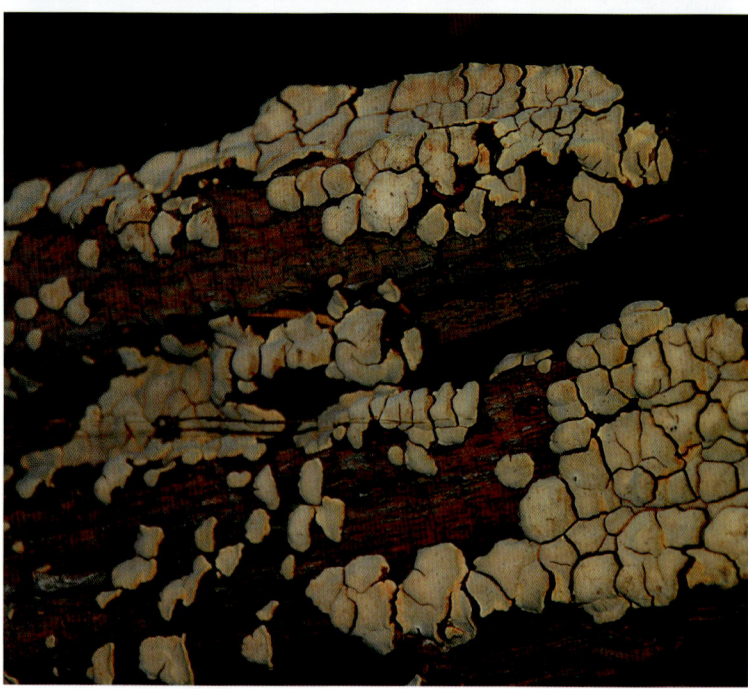

▲ 中文名称：二色囊孔菌
拉丁学名：*Trichaptum biforme* (Fr.) Ryvarden
科名：多孔菌科 Polyporaceae
简要特征：大量覆瓦状叠生于树干上，突出的特征是子实层体薄齿状，紫色。上图为子实体生长状况，下图为菌盖下面子实层体。

▲ 中文名称：龟背刷革菌
拉丁学名：*Xylobolus frustulatus* (Pers.) Boidin
科名：革盖菌科 Stereaceae
简要特征：成片着生于基物表面，灰白色，龟裂，没有菌盖。

齿菌类

菌盖下面或者菌体表面长有刺，孢子从刺的表面产生。著名的种类有猴头菌等，质地一般为肉质或栓质。

▲ 中文名称：淡蓝肉齿菌
拉丁学名：*Bankera violascens* (Alb. & Schwein.) Pouzar
科名：烟白齿菌科 Bankeraceae
简要特征：菌盖灰蓝色，有细小鳞片，菌柄偏生、粗短。生于松树林地。菌根菌。

▲ 中文名称：刺猬菌
拉丁学名：*Climacodon septentrionalis* (Fr.) P. Karst.
科名：原毛平革菌科 Phanerochaetaceae
简要特征：菌盖下面密生长刺而得名。成团叠生于多种阔叶树干上，导致木材腐朽。

▲ 中文名称：耳匙菌
拉丁学名：*Auriscalpium vulgare* Gray
科名：耳匙菌科 Auriscalpiaceae
简要特征：因长相像挖耳勺而得名。生于落叶松的松塔上，菌柄细长，表面有绒毛。

▲ 中文名称：珊瑚状猴头
拉丁学名：*Hericium coralloides* (Scop.) Pers.
科名：猴头菌科 Hericiaceae
简要特征：猴头家族成员，像海底生活的珊瑚而得名。可食用，但比较稀少。

▼ 中文名称：猴头菌
拉丁学名：*Hericium erinaceus* (Bull.) Pers.
科名：猴头菌科 Hericiaceae
简要特征：秋季生于栎树等阔叶树的立木、倒木上。为珍贵食用菌，可以人工栽培。

▲ 中文名称：白齿耳菌
拉丁学名：*Mycoleptodonoides aitchisonii* (Berk.) Maas Geest.
科名：皱孔菌科 Meruliaceae
简要特征：没有菌柄，菌盖下面像刺猬一样。

▲ 中文名称：美味齿菌
拉丁学名：*Hydnum repandum* L.
科名：齿菌科 Hydnaceae
简要特征：有菌柄、肉质。可食用，但不多见。

珊瑚菌类

它是蘑菇家族中的独特类群，因外形像海里的珊瑚而得名。但老百姓称它为"扫帚菌"，生于腐木或者林下枯枝落叶层中。可食用的种类比较多。

▲ 中文名称：杯冠瑚菌
拉丁学名：*Artomyces pyxidatus* (Pers.) Jülich
科名：耳匙菌科 Auriscalpiaceae
简要特征：菌体树冠一样分枝，枝端有4~5个小裂片，呈杯状。

▲ 中文名称：淡紫珊瑚菌
拉丁学名：*Clavaria zollingeri* Lév.
科名：珊瑚菌科 Clavariaceae
简要特征：枯枝落叶当中伸出淡紫色的躯体，简洁淡雅，有一种超脱尘世的美感。

◀ 中文名称：虫形珊瑚菌
拉丁学名：*Clavaria vermicularis* Batsch.
科名：珊瑚菌科 Clavariaceae
简要特征：通体白色，线形。群生于枯枝落叶上。

◀ 中文名称：棒瑚菌
拉丁学名：*Clavariadelphus ligula* (Schaeff.) Donk
科名：棒瑚菌科 Clavariadelphaceae
简要特征：不分枝，棒状，头部膨大钝圆。生于林地。

▲ 中文名称：冠锁瑚菌
拉丁学名：*Clavulina coralloides* (L.) J. Schröt.
科名：锁瑚菌科 Clavulinaceae
简要特征：灰白色的子实体，上部分枝，分枝顶端细裂。

中文名称：须瑚菌
拉丁学名：*Pterula multifida*（Chevall.）Fr.
科名：羽瑚菌科 Pterulaceae
简要特征：子实体很小，高仅1cm左右，形状像一棵树。

▼ 中文名称：杵棒菌
拉丁学名：*Multiclavula clara* (Berk. & M.A. Curtis) R.H. Petersen
科名：锁瑚菌科 Clavulinaceae
简要特征：个体很小，不超过1cm，群生于腐木表面，与绿藻共生。

▲ 中文名称：簇生尖瑚菌
拉丁学名：*Deflexula fascicularis* (Bres. & Pat.) Corner
科名：羽瑚菌科 Pterulaceae
简要特征：子实体高2~3cm，往往弯曲并下垂，脆骨质，多分枝，顶端尖。白色至黄褐色，成熟后土黄色。丛生于倒木上。

▲ 中文名称：紫丁香枝瑚菌
拉丁学名：*Ramaria mairei* Donk
科名：钉菇科 Gomphaceae
简要特征：紫色，菌柄粗短，基部白色。

◀ 中文名称:密枝瑚菌
　拉丁学名:*Ramaria stricta* (Pers.) Quél.
　科名:钉菇科 Gomphaceae
　简要特征:黄褐色的珊瑚状子实体,分枝多,密丛生。

▲ 中文名称:蜂斗叶杵瑚菌
　拉丁学名:*Pistillaria petasitidis* S. Imai
　科名:蒲棒菌科 Typhulaceae
　简要特征:生于草本植物干枯叶柄上,银白色,透明,大小不超过1cm。

◀ 中文名称:黄枝瑚菌
　拉丁学名:*Ramaria flava* (Schaeff.) Quél.
　科名:钉菇科 Gomphaceae
　简要特征:淡黄色,生于枯枝落叶上。

◀ 中文名称:红顶枝瑚菌
　拉丁学名:*Ramaria botrytoides* (Peck) Corner
　科名:钉菇科 Gomphaceae
　简要特征:多分枝,枝顶端玫瑰红色,菌柄白色,表面带蓝色。

革菌及其他

这一类非褶菌的共同特点是孢子在平滑或皱褶的菌体表面上产生。极少数种类可以食用，如干巴菌，分布于我国云南。

▶ 中文名称：朱红脉革菌
拉丁学名：*Cytidia salicina* (Fr.) Burt
科名：伏革菌科 Corticiaceae
简要特征：一般在柳树枝条上成片生长，新鲜时胶质，干后变得坚硬。

▲ 中文名称：蓝伏革菌
拉丁学名：*Terana caerulea* (Lam.) Kuntze
科名：原毛平革菌科 Phanerochaetaceae
简要特征：平伏生长在枝干表面，有时边缘翘起，表面平滑或凹凸不平。

▶ 中文名称：掌状革菌
拉丁学名：*Thelephora palmata* (Scop.) Fr.
科名：革菌科 Thelephoraceae
简要特征：菌体革质，一般花瓣状或树枝状，较为常见。

4 蘑菇的主要类群

▲ 中文名称：鸡油菌
拉丁学名：*Cantharellus cibarius* Fr.
科名：鸡油菌科 Cantharellaceae
简要特征：形似伞菌，有菌褶一样的子实层体，鲜黄色。生于阔叶林地，是美味食用菌。

◀ 中文名称：小鸡油菌
拉丁学名：*Cantharellus minor* Peck
科名：鸡油菌科 Cantharellaceae
简要特征：子实体比鸡油菌小，菌盖中央凹陷，菌褶稀疏呈网状，延生于菌柄上。往往群生于林地。

▼ 中文名称：胶皱孔菌
拉丁学名：*Phlebia tremellosa* (Schrad.) Nakasone & Burds.
科名：皱孔菌科 Meruliaceae
简要特征：生于阔叶树的树干上，菌盖表面有肉状毛刺，而下表面发皱，不平滑。

▼ 中文名称：喇叭菌
拉丁学名：*Gomphus floccosus* (Schwein.) Singer
科名：钉菇科 Gomphaceae
简要特征：又称"金号角"。没有明显的菌褶，只是有些皱褶而已。

▲ 中文名称：灰喇叭菌
拉丁学名：*Craterellus cornucopioides* (L.) Pers.
科名：鸡油菌科 Cantharellaceae
简要特征：又名"灰号角"，枯叶色。采集时不易被发现。

▲ 中文名称：榆耳
拉丁学名：*Gloeostereum incarnatum* S. Ito & S. Imai
科名：挂钟菌科 Cyphellaceae
简要特征：有时叫"肉蘑"，因为吃起来口感像肥肉。

伞菌类

狭义的蘑菇概念仅指伞菌，它们的共同特点是菌体肉质，相对于非褶菌，这类真菌有菌褶（牛肝菌为菌管），绝大多数种类有菌柄，少数没有菌柄。伞菌中可食用的种类很多，是采蘑菇者的主要采摘对象。

▲ 中文名称：球基蘑菇
拉丁学名：*Agaricus abruptibulbus* Peck
科名：蘑菇科 Agaricaceae
简要特征：菌盖黄白色，边缘有菌幕残片。菌环膜质，白色，菌柄基部膨大，表面有细小的鳞片。

▲ 中文名称：野蘑菇
拉丁学名：*Agaricus arvensis* Schaeff.
科名：蘑菇科 Agaricaceae
简要特征：子实体较大，有膜质菌环，单生或群生于林下空旷地。

▲ 中文名称：红肉蘑菇
拉丁学名：*Agaricus silvaticus* Schaeff.
科名：蘑菇科 Agaricaceae
简要特征：菌盖表面有红褐色平伏状鳞片，边缘内卷，菌肉损伤后立即变成红色。菌柄白色，菌环膜质。

◀ 中文名称：橙黄蘑菇
拉丁学名：*Agaricus perratus* Schulzer
科名：蘑菇科 Agaricaceae
简要特征：菌盖黄褐色、橙黄色，开伞后平展，菌褶褐色、深褐色。生于针叶林地。

◀ 中文名称：蘑菇
拉丁学名：*Agaricus campestris* L.
科名：蘑菇科 Agaricaceae
简要特征：子实体白色或乳白色，菌褶粉红色至褐色，菌柄圆柱形，菌环膜质，边缘絮毛状。

▸ 中文名称：林地蘑菇
拉丁学名：*Agaricus silvicola* (Vittad.) Peck
科名：蘑菇科 Agaricaceae
简要特征：生于草地或林地上，菌盖基本为白色，没有鳞片，菌褶起初淡粉色，后渐变为红褐色、褐色，膜质菌环。可食用。

▲ 中文名称：麻脸蘑菇
拉丁学名：*Agaricus urinascens* (Jul. Schäff. & F.H. Møller) Singer
科名：蘑菇科 Agaricaceae
简要特征：菌盖表面密被褐色鳞片，中部颜色较深，边缘内卷。丛生于沙质土上。

▲ 中文名称：紫红蘑菇
拉丁学名：*Agaricus subrutilescens* (Kauffman) Hotson & D.E. Stuntz
科名：蘑菇科 Agaricaceae
简要特征：菌盖表面被红褐色鳞片，菌褶淡粉色、浅褐色至黑褐色。菌柄表面有花纹状白色鳞片。

▲ 中文名称：田头菇
拉丁学名：*Agrocybe praecox* (DC.) Maire
科名：球盖菇科 Strophariaceae
简要特征：菌盖淡黄色，边缘常常有菌幕残片，有菌环。多见于草地、草坪，可食用。

▲ 中文名称：柱状田头菇
拉丁学名：*Agrocybe cylindracea* (DC.) Maire
科名：球盖菇科 Strophariaceae
简要特征：菌盖扁球形，不黏，菌环膜质。木生，可食用。

▼ 中文名称：湿黏田头菇
拉丁学名：*Agrocybe erebia* (Fr.) Kühner ex Singer
科名：球盖菇科 Strophariaceae
简要特征：菌盖胶黏，黄褐色，边缘淡色。群生于阔叶林地上。

▼ 中文名称：圈托鹅膏
拉丁学名：*Amanita ceciliae* (Berk. & Broome) Bas
科名：鹅膏科 Amanitaceae
简要特征：菌盖被易脱落的鳞片，边缘有条纹。菌柄上有黄褐色环状鳞片，向下渐粗。无菌环。

▲ 中文名称：橙黄鹅膏
拉丁学名：*Amanita citrina* Pers.
科名：鹅膏科 Amanitaceae
简要特征：子实体白色，菌盖表面被一层容易脱落的橙黄色片状鳞片。菌环白色，膜质。菌托大，球形。

▲ 中文名称：显鳞鹅膏
拉丁学名：*Amanita clarisquamosa* (S. Imai) S. Imai
科名：鹅膏科 Amanitaceae
简要特征：菌体白色，菌盖表面存有黄褐色鳞片，菌柄基部有大型的菌托包围。有毒。

中文名称：红黄鹅膏
拉丁学名：*Amanita hemibapha* (Berk. & Broome) Sacc.
科名：鹅膏科 Amanitaceae
简要特征：在蘑菇世界里算得上是漂亮的，橙红色的菌盖十分醒目，幼小的子实体被包在菌托中，像一个鹅蛋脱壳而出。颜色鲜艳但无毒，可放心食用的美味食用菌。

▲ 中文名称：毒蝇鹅膏黄色变种
拉丁学名：*Amanita muscaria* var. *formosa* (Pers.) Bertill.
科名：鹅膏科 Amanitaceae
简要特征：菌盖橙黄色，带有易脱落的鳞片，菌环膜质，菌柄上有环纹状鳞片，菌柄基部球形膨大。有毒。

▲ 中文名称：毒蝇鹅膏
拉丁学名：*Amanita muscaria* (L.) Lam.
科名：鹅膏科 Amanitaceae
简要特征：红色菌盖上散布白色鳞片，格外醒目。有剧毒。

◀ 中文名称：褐云鹅膏
拉丁学名：*Amanita porphyria* Alb. & Schwein.
科名：鹅膏科 Amanitaceae
简要特征：菌盖灰褐色，菌环灰色。生于针叶林地上。有毒。

▲ 中文名称：赭盖鹅膏
拉丁学名：*Amanita rubescens* Pers.
科名：鹅膏科 Amanitaceae
简要特征：菌盖上生有易脱落的块状鳞片，菌盖浅黄褐色，伤后变红褐色。菌柄表面有花纹，基部稍膨大。

◀ 中文名称：毒鹅膏
拉丁学名：*Amanita phalloides* (Vaill. ex Fr.) Link
科名：鹅膏科 Amanitaceae
简要特征：子实体大，菌盖黄绿色，菌环白色，膜质，菌柄表面黄褐色，菌托袋状。有毒。

▲ 豹斑鹅膏菌
拉丁学名：*Amanita pantherina* (DC.) Krombh.
科名：鹅膏科 Amanitaceae
简要特征：菌盖幼时半球形，成熟后平展，表面星状散布鳞片（有时易脱落）。剧毒。

▲ 中文名称：芥黄鹅膏菌
拉丁学名：*Amanita subjunguilea* Imai
科名：鹅膏科 Amanitaceae
简要特征：子实体淡黄色，菌环膜质，位于菌柄上部，菌托袋状，白色。剧毒。

▲ 中文名称：细鳞鹅膏菌
拉丁学名：*Amanita punctata* (Cleland & Cheel) D.A. Reid
科名：鹅膏科 Amanitaceae
简要特征：子实体大，菌盖表面被有细小的鳞片，边缘有明显的放射状条纹，菌柄蛇纹状。生于阔叶林地。

◀ 中文名称：灰鹅膏
拉丁学名：*Amanita vaginata* (Bull.) Lam.
科名：鹅膏科 Amanitaceae
简要特征：菌柄基部有袋状的菌托，与其他鹅膏菌不一样的是没有菌环。

▼ 中文名称：锥鳞白鹅膏
拉丁学名：*Amanita virgineoides* Bas
科名：鹅膏科 Amanitaceae
简要特征：子实体白色，菌盖表面密布尖鳞，菌环大，膜质，菌托近球形。有毒。

◀ 中文名称：鳞柄白毒鹅膏菌
拉丁学名：*Amanita virosa* (Fr.) Bertill.
科名：鹅膏科 Amanitaceae
简要特征：纯白色的蘑菇，在很多人的印象当中白色蘑菇可食，但恰恰相反，这种蘑菇有剧毒。

◀ 中文名称：蜜环菌
拉丁学名：*Armillaria mellea* (Vahl) P. Kumm.
科名：泡头菌科 Physalacriaceae
简要特征：我国东北地区著名食用菌，同时也是树木病原菌。"小鸡炖蘑菇"中所用的蘑菇就是蜜环菌。

▲ 中文名称：木生淀粉质环柄菇
拉丁学名：*Amylolepiota lignicola* (P. Karst.) Harmaja
科名：伞菌科 Agaricaceae
简要特征：到目前还没有中文名字的蘑菇，就叫它"木生淀粉质环柄菇"。生于落叶松林地，长白山和大兴安岭有分布。

▲ 中文名称：棒柄杯伞
拉丁学名：*Ampulloclitocybe clavipes* (Pers.) Redhead, Lutzoni, Moncalvo & Vilgalys
科名：蜡伞科 Hygrophoraceae
简要特征：菌柄往往向下变粗，呈棒状，无菌环。

▼ 中文名称：粪伞
拉丁学名：*Bolbitius titubans* (Bull.) Fr.
科名：粪伞科 Bolbitiaceae
简要特征：菌盖黏，黄土色，有放射状条纹。菌柄淡黄色。生于粪土上。

▼ 中文名称：蕈生菌
拉丁学名：*Asterophora lycoperdoides* (Bull.) Ditmar
科名：离褶伞科 Lyophyllaceae
简要特征：生长环境特殊，生于红菇等其他老化的伞菌子实体上，即长在蘑菇上的蘑菇。

▲ 中文名称：淡紫小孢菌
拉丁学名：*Baeospora myriadophylla* (Peck) Singer
科名：小皮伞科 Marasmiaceae
简要特征：菌盖灰紫色，菌褶淡紫色、极密，菌柄细长、基部有毛。

▲ 中文名称：草地拱顶伞
拉丁学名：*Camarophyllus pratensis* (Fr.) P. Kumm.
科名：蜡伞科 Hygrophoraceae
简要特征：菌褶稀疏，延生，散生于草地或阔叶林地上。

◀ 中文名称：白脉褶菌
拉丁学名：*Campanella tristis* (G. Stev.) Segedin
科名：小皮伞科 Marasmiaceae
简要特征：子实体贝壳状、小型，菌褶稀疏并有横脉，菌柄短，灰色。生于枯枝上。

▲ 中文名称：辅毛鬼伞
拉丁学名：*Coprinellus radians* (Desm.) Vilgalys, Hopple & Jacq. Johnson
科名：小脆柄菇科 Psathyrellaceae
简要特征：菌盖上有黄褐色鳞片，菌柄基部膨大，基物表面往往有牛毛状菌丝。

▲ 中文名称：黏盖丝膜菌
拉丁学名：*Cortinarius livido-ochraceus* (Berk.) Berk.
科名：丝膜菌科 Cortinariaceae
简要特征：菌盖黄褐色，胶黏，干后有纵沟状条纹；菌柄淡紫色。

▲ 中文名称：脐形小鸡油菌
拉丁学名：*Cantharellula umbonata* (J.F. Gmel.) Singer
科名：白蘑科 Tricholomataceae
简要特征：一般群生于松林的苔藓丛中。子实体灰褐色，菌盖小，菌柄细长。菌盖初期中央凸起到后期下凹，边缘颜色较浅，有时呈不明显的环带。菌褶近白色。

◀ 中文名称：脉褶菌
拉丁学名：*Campanella junghuhnii* (Mont.) Singer
科名：小皮伞科 Marasmiaceae
简要特征：菌盖黄土色，菌褶网脉明显。

4 蘑菇的主要类群

▼ 中文名称：黄褐色孢菌
拉丁学名：*Callistosporium luteo-olivaceum* (Berk. & M.A. Curtis) Singer
科名：白蘑科 Tricholomataceae
简要特征：菌盖黄褐色，中部颜色深，菌柄细长，基部有白色菌丝，菌褶很密，木生。

▲ 中文名称：金黄鳞盖菇
拉丁学名：*Cyptotrama asprata* (Berk.) Redhead & Ginns
科名：白蘑科 Tricholomataceae
简要特征：菌盖与菌柄鲜黄色，菌褶纯白色，生于腐木上。以往认为此菌为热带或亚热带分布种，近年在长白山地区也发现有分布。

▲ 中文名称：淡紫铆钉菇
拉丁学名：*Chroogomphus purpurascens* (Lj.N. Vassiljeva) M.M. Nazarova
科名：铆钉菇科 Gomphidiaceae
简要特征：生于松林地上，菌柄往往向下变细，基部黄褐色。是一种美味的食用菌。

◀ 中文名称：黄绿杯伞
拉丁学名：*Clitocybe odora* (Bull.) P. Kumm.
科名：白蘑科 Tricholomataceae
简要特征：菌盖黄绿色，中部颜色深，菌褶延生。生于阔叶林地。可食用。

▲ 中文名称：毛头鬼伞
拉丁学名：*Coprinus comatus* (O.F. Müll.) Pers.
科名：蘑菇科 Agaricaceae
简要特征：小时圆柱形，成熟开伞后会液化成墨水一样。生于草地、居家附近。幼时可食用，称"鸡腿菇"。

▲ 中文名称：白霜杯伞
拉丁学名：*Clitocybe dealbata* (Sowerby) Gillet
科名：白蘑科 Tricholomataceae
简要特征：白色小蘑菇，肉薄，有时菌盖中部黄褐色，边缘波状。菌褶密，延生。有毒，不宜食用。

4 蘑菇的主要类群

▲ 中文名称：蓝丝膜菌
拉丁学名：*Cortinarius violaceus* (L.) Gray
科名：丝膜菌科 Cortinariaceae
简要特征：子实体整个蓝色，十分醒目。生于针叶林或高山带，为菌根菌。

▲ 中文名称：褐毛靴耳
拉丁学名：*Crepidotus badiofloccosus* S. Imai
科名：丝盖伞科 Inocybaceae
简要特征：子实体扇形，表面有褐色鳞片，基部有一团乳白色菌丝。

中文名称：环锥盖伞
拉丁学名：*Conocybe arrhenii* (Fr.) Kits van Wav.
科名：粪伞科 Bolbitiaceae
简要特征：生于阔叶林地或腐木上的小型伞菌。黄褐色的菌盖和大而明显的菌环显得十分可爱。

▼ 中文名称：紫丝膜菌
拉丁学名：*Cortinarius purpurascens* Fr.
科名：丝膜菌科 Cortinariaceae
简要特征：生于阔叶林下，子实体淡紫色，菌柄上往往可见黄褐色的蛛丝状菌环痕迹。可食用。

▼ 中文名称：绒毛铆钉菇
拉丁学名：*Chroogomphus tomentosus* (Murrill) O.K. Mill.
科名：铆钉菇科 Gomphidiaceae
简要特征：生于云杉林，为菌根菌。可食用。

▲ 中文名称：紫褶亚脐菇
拉丁学名：*Chromosera cyanophylla* (Fr.) Redhead
科名：暂不确定
简要特征：菌盖和菌柄为发亮的黄绿色，菌褶淡粉色，延生。

▲ 中文名称：鳞盖杯伞
拉丁学名：*Clitocybe squamulosa* (Pers.) Fr.
科名：白蘑科 Tricholomataceae
简要特征：子实体杯状，菌盖表面密被细小深褐色鳞片，菌柄与菌盖同色。

▲ 中文名称：杯伞
拉丁学名：*Clitocybe gibba* (Pers.) P. Kumm.
科名：白蘑科 Tricholomataceae
简要特征：菌盖从内卷到上翻，从赭褐色至淡黄色，颜色变化多样。阔叶林地较常见。可食用。

▲ 中文名称：库克金钱菌
拉丁学名：*Collybia cookei* (Bres.) J.D. Arnold
科名：白蘑科 Tricholomataceae
简要特征：子实体较小，白色，菌盖中央黄褐色。生长环境特殊，生于其他腐烂的蘑菇上，菌柄向下延伸，顶端有黄褐色的菌核。

▲ 中文名称：斜盖菇
拉丁学名：*Clitopilus prunulus* (Scop.) P. Kumm.
科名：粉褶菌科 Entolomataceae
简要特征：子实体白色，尤其是菌盖表面像抹了一层白色粉末一样，边缘往往内卷。菌褶肉粉色，延生，菌柄常偏生。可食用。

▲ 中文名称：蓝白丝膜菌
拉丁学名：*Cortinarius alboviolaceus* (Pers.) Fr.
科名：丝膜菌科 Cortinariaceae
简要特征：菌盖钟形至平展，蓝白色，菌柄上往往有蛛丝状菌幕残留。

▲ 中文名称：黏靴耳
拉丁学名：*Crepidotus mollis* (Schaeff.) Staude
科名：丝盖伞科 Inocybaceae
简要特征：群生于枯枝上。子实体扇形，无菌柄，菌盖表面黏。

中文名称：白假鬼伞
拉丁学名：*Coprinellus disseminatus* (Pers.) J.E. Lange
科名：小脆柄菇科 Psathyrellaceae
简要特征：子实体小，但往往大片生长。菌盖钟形，顶部颜色深，与鬼伞相比不易溶化。

▼ 中文名称：灰鬼伞
拉丁学名：*Coprinopsis cinerea* (Schaeff.) Redhead, Vilgalys & Moncalvo
科名：小脆柄菇科 Psathyrellaceae
简要特征：菌盖初期灰白色，有细毛，后变黑褐色直至溶化。菌柄白色。

▼ 中文名称：白绒鬼伞
拉丁学名：*Coprinopsis lagopus* (Fr.) Redhead
科名：小脆柄菇科 Psathyrellaceae
简要特征：菌盖膜质，有褶纹，中部黄褐色。菌柄近白色，透明。粪生。

▲ 中文名称：灰褐丝膜菌
拉丁学名：*Cortinarius paleaceus* (Weinm.) Fr.
科名：丝膜菌科 Cortinariaceae
简要特征：子实体灰褐色，菌盖初期中部突起，表面被细小鳞片。菌柄灰白色，上部带蛛丝状菌幕。

▲ 中文名称：蜜环丝膜菌
拉丁学名：*Cortinarius armillatus* (Fr.) Fr.
科名：丝膜菌科 Cortinariaceae
简要特征：较大型蘑菇。菌盖红褐色，成熟时边缘容易撕裂。菌柄污白色，表面有红褐色环状丝膜残留物。

▼ 中文名称：皱盖丝膜菌
拉丁学名：*Cortinarius caperatus* (Pers.) Fr.
科名：丝膜菌科 Cortinariaceae
简要特征：生于针叶林内地上，菌柄上有明显的菌环。可食用。

▼ 中文名称：毛皮伞
拉丁学名：*Crinipellis scabella* (Alb. & Schwein.) Murrill
科名：小皮伞科 Marasmiaceae
简要特征：一般生于枯枝上，菌盖和菌柄上有粗毛。

▲ 中文名称：墨汁鬼伞
拉丁学名：*Coprinopsis atramentaria* (Bull.) Redhead, Vilgalys & Moncalvo
科名：小脆柄菇科 Psathyrellaceae
简要特征：大量丛生于林间草地、公园、路旁。菌盖圆锥形，开伞后不久即化成墨水样。

▲ 中文名称：黄盖囊皮伞
拉丁学名：*Cystoderma amianthinum* (Scop.) Fayod
科名：蘑菇科 Agaricaceae
简要特征：菌盖和菌环以下的菌柄上黄色颗粒状毛，菌盖边缘有菌幕残片，菌褶白色。

▲ 中文名称：金粒囊皮伞
拉丁学名：*Cystoderma fallax* A.H. Sm. & Singer
科名：蘑菇科 Agaricaceae
简要特征：子实体黄褐色，表面密被金色小颗粒。菌褶密，白色。菌环膜质较大。

▼ **中文名称**：半球丝膜菌
拉丁学名：*Cortinarius semisanguineus* (Fr.) Gillet
科名：丝膜菌科 Cortinariaceae
简要特征：菌盖初期半球形，后平展，表面黄褐色。菌褶锈褐色或砖红色。

◀ **中文名称**：晶盖粉褶菌
拉丁学名：*Entoloma clypeatum* (L.) P. Kumm.
科名：粉褶菌科 Entolomataceae
简要特征：春夏生于林地或草丛，菌盖边缘波浪状，菌褶肉粉色，孢子多角形。

▲ **中文名称**：晶粒小鬼伞
拉丁学名：*Coprinellus micaceus* (Bull.) Vilgalys, Hopple & Jacq. Johnson
科名：小脆柄菇科 Psathyrellaceae
简要特征：密集丛生于树干或树根周围土中。因菌盖表面有沙粒样的鳞片而得名，开伞后易自溶而变黑。

▲ **中文名称**：粒鳞环柄菇
拉丁学名：*Cystolepiota pseudogranulosa* (Berk. & Broome) Pegler
科名：蘑菇科 Agaricaceae
简要特征：子实体小，白色至淡黄褐色，菌盖上有易脱落的颗粒状鳞片，边缘毛絮状。

4 蘑菇的主要类群

◀ 中文名称：黄环罗鳞伞
拉丁学名：*Descolea flavoannulata* (L.Vassilieva)Horak
科名：丝膜菌科 Cortinariaceae
简要特征：子实体黄褐色，菌环大而容易脱落，菌环上表面往往有菌褶状的痕迹。

▲ 中文名称：条纹裸伞
拉丁学名：*Gymnopilus liquiritiae* (Pers.) P. Karst.
科名：球盖菇科 Strophariaceae
简要特征：群生于针叶树腐木上。菌盖红褐色，扁球形，光滑。味苦，不宜食用。

▲ 中文名称：橘黄裸伞
拉丁学名：*Gymnopilus spectabilis* (Fr.) Sing.
科名：球盖菇科 Strophariaceae
简要特征：橘黄色的子实体，木生，有菌环，菌柄基部往往膨大。有毒，含神经毒素类物质。

▲ 中文名称：刺毛暗皮伞
拉丁学名：*Flammulaster erinaceellus* (Peck) Watling
科名：丝盖伞科 Inocybaceae
简要特征：菌盖和菌柄表面密被暗黄褐色刺状鳞片，是我国近几年才发现的物种。

▲ 中文名称：冬菇
拉丁学名：*Flammulina velutipes* (Curtis) Singer
科名：泡头菌科 Physalacriaceae
简要特征：丛生于树干或根上。优质食用菌，已有广泛栽培。

▶ 中文名称：金黄金钱菌
拉丁学名：*Gymnopus aquosus* (Bull.) Antonín & Noordel.
科名：小皮伞科 Marasmiaceae
简要特征：菌盖初期为金黄色，随后逐渐褪色，菌褶白色，菌柄淡黄色。群生于针叶林地。

▶ 中文名称：大盖皮伞
拉丁学名：*Gymnopus peronatus* (Bolton) Antonín, Halling & Noordel.
科名：小皮伞科 Marasmiaceae
简要特征：群生于阔叶林或针叶林地枯枝落叶中。菌盖黄土色，皮质，较薄。菌褶较密，直生。菌柄基部表面生白毛。

▲ 中文名称：栎金钱菌
拉丁学名：*Gymnopus dryophilus* (Bull.) Murrill
科名：小皮伞科 Marasmiaceae
简要特征：菌盖淡黄色，干后枯叶色，膜质。菌柄乳白色。极常见，可食用。

▲ 中文名称：枝生微皮伞
拉丁学名：*Hemimycena candida* (Bres.) Singer
科名：小菇科 Mycenaceae
简要特征：群生于树干基部，菌盖薄，半透明，菌褶稀少且相互交织成网状。

▼ 中文名称：肾形亚侧耳
拉丁学名：*Hohenbuehelia reniformis* (G. Mey.) Singer
科名：侧耳科 Pleurotaceae
简要特征：子实体像侧耳，但小型，盖面灰白色，黏，菌褶白色，没有菌柄或有侧生的短菌柄。

▼ 中文名称：大孢黏滑菇
拉丁学名：*Hebeloma sacchariolens* Quél.
科名：球盖菇科 Strophariaceae
简要特征：子实体较小，菌盖湿时黏滑，边缘往往有菌幕残片，黏土黄色。菌褶灰褐色。菌柄细长。有毒。

▲ 中文名称：变黑湿伞
拉丁学名：*Hygrocybe conica* (Schaeff.) P. Kumm.
科名：蜡伞科 Hygrophoraceae
简要特征：菌盖初期圆锥形，后斗笠状，成熟或伤后变黑色。

▲ 中文名称：白褐半球盖菇
拉丁学名：*Hemistropharia albocrenulata* (Peck) Jacobsson & E. Larss.
科名：球盖菇科 Strophariaceae
简要特征：菌盖中部凸起，黏，边缘有丛毛状鳞片，菌柄浅褐色，有鳞片。单生或几个丛生于树根基部。

▲ 中文名称：砖红韧伞
拉丁学名：*Hypholoma lateritium* (Schaeff.) P. Kumm.
科名：球盖菇科 Strophariaceae
简要特征：生于白桦腐木上，有时也出现在桦树的根际土上。菌盖肉桂色，干，不黏。菌褶密，烟色。菌柄上部颜色浅，下部黄褐色。可食用。

▲ 中文名称：大毒黏滑菇
拉丁学名：*Hebeloma crustuliniforme* (Bull.) Quél.
科名：球盖菇科 Strophariaceae
简要特征：毒蘑菇，一般群生于林地。子实体较大，浅土黄色，菌盖中部颜色稍深。菌褶密，黄褐色，菌柄粗壮。

◀ 中文名称：金黄拟蜡伞
拉丁学名：*Hygrophoropsis aurantiaca* (Wulfen) Maire
科名：拟蜡伞科 Hygrophoropsidaceae
简要特征：菌盖杯状，边缘下卷，菌褶黄褐色，菌柄颜色更深。

4 蘑菇的主要类群

▲ 中文名称：小红湿伞
拉丁学名：*Hygrocybe miniata* (Fr.) P. Kumm.
科名：蜡伞科 Hygrophoraceae
简要特征：通体红色，蜡质，十分醒目。一般生于湿度较大的土中。

▲ 中文名称：金黄湿伞
拉丁学名：*Hygrocybe chlorophana* (Fr.) Wünsche
科名：蜡伞科 Hygrophoraceae
简要特征：子实体通体黄色，菌褶稀疏。生于针阔混交林地上。

▲ 中文名称：榆干离褶伞
拉丁学名：*Hypsizygus ulmarius* (Bull.) Redhead
科名：离褶伞科 Lyophyllaceae
简要特征：生于榆树枯木上，菌柄短且往往偏生。美味食用菌。

▶ 中文名称：舟湿伞
拉丁学名：*Hygrocybe cantharellus* (Schwein.) Murrill
科名：蜡伞科 Hygrophoraceae
简要特征：菌盖、菌柄朱红色，仔细观察可以看到菌盖表面有细小的毛状鳞片。

中文名称：斑玉蕈
拉丁学名：*Hypsizygus marmoreus* (Peck) H.E.Bigelow
科名：离褶伞科 Lyophyllaceae
简要特征：野生很少见，我国仅见于云南和吉林，菌盖上的大理石纹与众不同。美味食用菌。

◀ 中文名称：簇生沿丝伞
拉丁学名：*Hypholoma fasciculare* (Huds.) P. Kumm.
科名：球盖菇科 Strophariaceae
简要特征：子实体较小，但数量多，往往大片生长。味苦，有毒。

◀ 中文名称：红菇蜡伞
拉丁学名：*Hygrophorus russula* (Schaeff.) Kauffman
科名：蜡伞科 Hygrophoraceae
简要特征：菌盖上有暗红色脉纹，中部颜色深。菌柄红褐色。可食用。

▲ 中文名称：粉红蜡伞
拉丁学名：*Hygrophorus pudorinus* (Fr.) Fr.
科名：蜡伞科 Hygrophoraceae
简要特征：子实体肥厚，菌盖橙红色，菌褶淡粉色，菌柄粗大。晚秋生于混交林地。

▲ 中文名称：青绿湿伞
拉丁学名：*Hygrocybe psittacina* (Schaeff.) P. Kumm.
科名：蜡伞科 Hygrophoraceae
简要特征：菌盖颜色鲜艳，呈暗绿色至黄绿色，褪色以后呈橙黄色。菌柄淡黄色，易变色。

▼ 中文名称：象牙湿伞
拉丁学名：*Hygrocybe virginea* (Wulfen) P.D. Orton & Watling
科名：蜡伞科 Hygrophoraceae
简要特征：白色，菌盖半球形，菌褶稍延生，菌柄较长。

▼ 中文名称：土味丝盖伞
拉丁学名：*Inocybe geophylla* (Fr.) P. Kumm.
科名：丝盖伞科 Inocybaceae
简要特征：菌盖灰白色，顶部突起，黄褐色，菌柄细长。生于林中地上。

▲ 中文名称：裂丝盖伞
拉丁学名：*Inocybe rimosa* (Bull.) P. Kumm.
科名：丝盖伞科 Inocybaceae
简要特征：菌盖中部明显突起，表面有绢丝样光泽，边缘细裂。有毒。

◀ 中文名称：土味丝盖伞紫色变种
拉丁学名：*Inocybe geophylla* var. *lilacina* Gillet
科名：丝盖伞科 Inocybaceae
简要特征：子实体淡紫色，老后颜色变得更淡些，菌盖顶部突起。生于枯枝落叶地上。

4 蘑菇的主要类群

▲ 中文名称：毛头乳菇
拉丁学名：*Lactarius torminosus* (Schaeff.) Gray
科名：红菇科 Russulaceae
简要特征：菌盖边缘密被绒毛，菌柄粗而短，乳汁白色，不变色。

▲ 中文名称：库恩菇
拉丁学名：*Kuehneromyces mutabilis* (Schaeff.) Singer & A.H. Sm.
科名：球盖菇科 Strophariaceae
简要特征：大量聚集丛生或群生于树桩上。菌盖边缘有放射状条纹，菌环以下菌柄上有褐色鳞片。可食用。

▼ 中文名称：紫晶蜡蘑
拉丁学名：*Laccaria amethystea* (Bull.) Murrill
科名：轴腹菌科 Hydnangiaceae
简要特征：一般生于沙地、河床、路边，通体紫色或淡紫色，比较容易识别。可食用。

▼ 中文名称：多汁乳菇
拉丁学名：*Lactarius volemus* (Fr.) Fr.
科名：红菇科 Russulaceae
简要特征：菌盖黄褐色，菌褶密，损伤后出白色乳汁，乳汁极其丰富。地生。

▲ 中文名称：条柄蜡蘑
拉丁学名：*Laccaria proxima* (Boud.) Pat.
科名：轴腹菌科 Hydnangiaceae
简要特征：子实体红褐色，菌盖表面被细小毛状鳞片，菌柄上有纵向条纹。

▲ 中文名称：潮湿乳菇
拉丁学名：*Lactarius uvidus* (Fr.) Fr.
科名：红菇科 Russulaceae
简要特征：菌盖灰紫色，黏。菌褶乳白色，受伤处变紫色。

▲ 中文名称：黑褐乳菇
拉丁学名：*Lactarius lignyotus* Fr.
科名：红菇科 Russulaceae
简要特征：菌盖与菌柄表面被黑褐色绒毛，菌盖中部下凹，菌褶近白色，略延生。单生或散生于林地。

▲ 中文名称：橄榄褶乳菇
拉丁学名：*Lactarius necator* (Bull.) Pers.
科名：红菇科 Russulaceae
简要特征：菌盖由初期的内卷到向上杯状翘起，橄榄褐色，有不明显的环纹。

▼ 中文名称：浅杯状香菇
拉丁学名：*Lentinus cyathiformis* (Schaeff.) Bres.
科名：多孔菌科 Polyporaceae
简要特征：子实体很大，生于阔叶树倒木上。菌盖表面浅黄褐色，粗糙，菌褶延生至菌柄上。菌柄粗大，基部膨大。幼时可食用。

▼ 中文名称：香乳菇
拉丁学名：*Lactarius camphoratus* (Bull.) Fr.
科名：红菇科 Russulaceae
简要特征：其突出的特点是菌盖中央有小凸起，表面红色或深红色。菌褶近白色，损伤后出现白色乳汁，乳汁颜色不变，直生。菌柄表面带红色，中空。可食用。

▲ 中文名称：贝壳状小香菇
拉丁学名：*Lentinellus cochleatus* (Pers.) P. Karst.
科名：耳匙菌科 Auriscalpiaceae
简要特征：聚集丛生，菌盖中部脐状下凹，菌褶向下延伸直至基物。

▲ 中文名称：红盖白环菇
拉丁学名：*Leucoagaricus rubrotinctus* (Peck) Singer
科名：蘑菇科 Agaricaceae
简要特征：菌盖中央深红色，边缘颜色浅，菌柄白色，有膜质的菌环。一般单生。

中文名称：北方小香菇
拉丁学名：*Lentinellus ursinus* (Fr.) Kühner
科名：耳匙菌科 Auriscalpiaceae
简要特征：菌盖贝壳形，中部有黄褐色粗毛，叠生于阔叶树腐木上。

▼ 中文名称：红柄香菇
拉丁学名：*Lentinus suavissimus* Fr.
科名：多孔菌科 Polyporaceae
简要特征：子实体较有韧性，生于腐木上。菌盖上有鳞片，菌柄基部红色。

▼ 中文名称：雪白环柄菇
拉丁学名：*Lepiota erminea* (Fr.) Gillet
科名：蘑菇科 Agaricaceae
简要特征：几乎白色，多数菌盖表面有黄褐色鳞片，菌环以上光滑、以下有鳞片。

▲ 中文名称：革耳
拉丁学名：*Lentinus strigosus* Fr.
科名：多孔菌科 Polyporaceae
简要特征：子实体革质，干后坚硬，菌盖及菌柄上覆盖粗毛。

▲ 中文名称：黄白香蘑
拉丁学名：*Lepista flaccida* (Sowerby) Pat.
科名：白蘑科 Tricholomataceae
简要特征：菌盖淡黄色，光滑，成熟时出现红褐色斑点。菌褶密，延生。生于阔叶林地。

▼ 中文名称：尖鳞环柄菇
拉丁学名：*Lepiota acutesquamosa* (Weinm.) P. Kumm.
科名：蘑菇科 Agaricaceae
简要特征：菌盖表面有细小颗粒状鳞片，菌褶极密，菌环膜质。生于混交林地上。

▲ 中文名称：球基白丝膜菌
拉丁学名：*Leucocortinarius bulbiger* (Alb. & Schwein.) Singer
科名：白蘑科 Tricholomataceae
简要特征：子实体中等大，菌盖黄褐色，菌柄白色，有不明显的菌环，基部膨大。

▲ 中文名称：肉色香蘑
拉丁学名：*Lepista irina* (Fr.) H.E. Bigelow
科名：白蘑科 Tricholomataceae
简要特征：群生于阔叶林地上，有时形成蘑菇圈。子实体较大，菌盖表面肉色至灰白色，光滑。菌肉厚，带有特殊的香味。菌褶密，直生于菌柄上。

▼ 中文名称：冠状环柄菇
拉丁学名：*Lepiota cristata* (Bolton) P. Kumm.
科名：蘑菇科 Agaricaceae
简要特征：菌盖白色，有同心环状黄褐色鳞片，中部颜色深。较常见。

▼ 中文名称：灰白环柄菇
拉丁学名：*Leucocoprinus cygneus* (J.E. Lange) Bon
科名：蘑菇科 Agaricaceae
简要特征：菌盖灰白色，稍带黄褐色，中部颜色深。菌环白色。单生于枯枝落叶中。

▲ 中文名称：紫丁香蘑
拉丁学名：*Lepista nuda* (Bull.) Cooke
科名：白蘑科 Tricholomataceae
简要特征：菌盖淡紫色，肉厚，菌柄粗短。可食用，有特殊味道。

▲ 中文名称：香菇
拉丁学名：*Lentinula edodes* (Berk.) Pegler
科名：小皮伞科 Marasmiaceae
简要特征：一般春末夏初出现，生于蒙古栎等阔叶树干上，为著名的食用菌，已有几百年的栽培历史。

▼ 中文名称：荷叶离褶伞
拉丁学名：*Lyophyllum decastes* (Fr.) Singer
科名：离褶伞科 Lyophyllaceae
简要特征：丛生于草丛中。美味食用菌，已有人工栽培。

▲ 中文名称：疣柄铦囊蘑
拉丁学名：*Melanoleuca verrucipes* (Fr.) Singer
科名：白蘑科 Tricholomataceae
简要特征：子实体较大，菌盖平展，白色。菌褶密，直生。菌柄表面有深色斑点。

▲ 中文名称：罗勒亚脐菇
拉丁学名：*Loreleia postii* (Fr.) Redhead
科名：暂不确定
简要特征：菌盖中部下凹，表面橙红色，菌柄表面有细绒毛。

▲ 中文名称：白桩菇
拉丁学名：*Leucopaxillus giganteus* (Sowerby) Singer
科名：白蘑科 Tricholomataceae
简要特征：菌盖初期平展后向上翻起，菌柄粗大，群生于阔叶林地上。可食用。

▲ 中文名称：裂皮白环菇
拉丁学名：*Macrolepiota excoriata* (Schaeff.) Wasser
科名：蘑菇科 Agaricaceae
简要特征：常见于草原地区。菌盖表面初期浅黄褐色，后龟裂成翘起的鳞片。可食用。

▼ 中文名称：无节微皮伞
拉丁学名：*Marasmiellus enodis* Singer
科名：小菇科 Mycenaceae
简要特征：群生于阔叶树干或枝条上。菌盖表面有放射状沟纹，中部颜色深，菌柄中生，近白色。

▲ 中文名称：小皮伞
拉丁学名：*Marasmius pulcherripes* Peck
科名：小皮伞科 Marasmiaceae
简要特征：成群生于枯枝落叶上，菌盖有褶纹，菌褶稀疏，菌柄像铁丝，韧性强。

▲ 中文名称：硬柄小皮伞
拉丁学名：*Marasmius oreades* (Bolton) Fr.
科名：小皮伞科 Marasmiaceae
简要特征：菌盖黄褐色，干后易褪色，菌柄中下部深褐色。群生于草地，易形成蘑菇圈。

▲ 中文名称：高大环柄菇
拉丁学名：*Macrolepiota procera* (Scop.) Singer
科名：蘑菇科 Agaricaceae
简要特征：子实体高大，有时巨大，一般生于林缘草地，菌柄上有大而明显的菌环。可食用。

▲ 中文名称：血红小菇
拉丁学名：*Mycena haematopus* (Pers.) P. Kumm.
科名：小菇科 Mycenaceae
简要特征：菌盖边缘有锯齿状，用小刀划破菌盖就"出血"。丛生于腐木上，有毒。

▲ 中文名称：纤弱小菇
拉丁学名：*Mycena alphitophora* (Berk.) Sacc.
科名：小菇科 Mycenaceae
简要特征：通体白色，菌柄及菌盖上被柔毛，野外不仔细观察不易发现。

中文名称:黄柄小菇
拉丁学名:*Mycena epipterygia* (Scop.) Gray
科名:小菇科 Mycenaceae
简要特征:菌柄黄色或黄绿色,晶莹剔透。

▼ 中文名称：巨囊菌
拉丁学名：*Macrocystidia cucumis* (Pers.) Joss
科名：小皮伞科 Marasmiaceae
简要特征：囊状体大而得名。菌盖与菌柄肝褐色，菌盖边缘黄褐色。单生、散生于混交林或阔叶林地。

▼ 中文名称：红盖小菇
拉丁学名：*Mycena adonis* (Bull.) Gray
科名：小菇科 Mycenaceae
简要特征：菌盖红色、粉红色，中部颜色深，柄白色，基部有白色菌丝。

▲ 中文名称：灰盖小菇
拉丁学名：*Mycena galericulata* (Scop.) Gray
科名：小菇科 Mycenaceae
简要特征：菌盖钟形，灰黄至浅黄褐色，有条棱。菌柄颜色深。群生、丛生于腐木上。

▲ 中文名称：基盘小菇
拉丁学名：*Mycena stylobates* (Pers.) P. Kumm
科名：小菇科 Mycenaceae
简要特征：子实体白色，小型，菌柄的基部往往有一个盘状结构而容易识别。

4 蘑菇的主要类群

▸ 中文名称：洁丽香菇
拉丁学名：*Neolentinus lepideus* (Fr.) Redhead & Ginns
科名：多孔菌科 Polyporaceae
简要特征：生于落叶松树干或伐桩上，菌盖上有黄褐色鳞片，菌褶边缘细齿状。可食用。

▲ 中文名称：短柄钴囊蘑
拉丁学名：*Melanoleuca brevipes* (Bull.) Pat.
科名：白蘑科 Tricholomataceae
简要特征：突出的特点是菌盖大小和菌柄长短不成比例。散生于草地。

▲ 中文名称：宽褶菇
拉丁学名：*Megacollybia platyphylla* (Pers.) Kolt. & Pouzar
科名：小皮伞科 Marasmiaceae
简要特征：子实体大型，菌盖表面有褐色细小鳞片，菌褶宽大，菌柄基部有菌索。

▲ 中文名称：洁小菇
拉丁学名：*Mycena pura* (Pers.) P. Kumm.
科名：小菇科 Mycenaceae
简要特征：子实体淡紫色，群生于林地。有毒。

▼ 中文名称：木生杯伞
拉丁学名：*Ossicaulis lignatilis* (Pers.) Redhead & Ginns
科名：离褶伞科 Lyophyllaceae
简要特征：大量子实体聚集丛生，菌柄偏生。可食用。

▲ 中文名称：黏小奥德蘑
拉丁学名：*Oudemansiella mucida* (Schrad.) Höhn.
科名：泡头菌科 Physalacriaceae
简要特征：可爱的小蘑菇，一般长在树干上，新鲜时菌盖胶黏，菌柄上有个大的菌环。

▲ 中文名称：日本脐菇
拉丁学名：*Omphalotus japonicus* (Kawam.) Kirchm. & O.K. Mill.
科名：小皮伞科 Marasmiaceae
简要特征：侧耳形状的子实体，生于树干上。剧毒。

▲ 中文名称：褐褶边奥德蘑
拉丁学名：*Oudemansiella brunneomarginata* Lj.N. Vassiljeva
科名：泡头菌科 Physalacriaceae
简要特征：菌褶的边缘褐色，特征突出，容易识别。

▼ 中文名称：赭褐亚脐菇
拉丁学名：*Omphalina lilaceorosea* Svrček & Kubička
科名：白蘑科 Tricholomataceae
简要特征：子实体紫灰色，菌盖表面中央下凹，菌褶延生，菌柄往往偏离中央而生。腐生菌。

▼ 中文名称：美味扇菇（亚侧耳）
拉丁学名：*Panellus edulis* Y.C. Dai, Niemelä & G.F. Qin
科名：小菇科 Mycenaceae
简要特征：晚秋发生，一般叠生或丛生于阔叶树倒木上。美味食用菌，有少量栽培。

▲ 中文名称：大幕侧耳
拉丁学名：*Pleurotus calyptratus* (Lindblad) Sacc.
科名：侧耳科 Pleurotaceae
简要特征：菌盖灰褐色，无菌柄，菌幕大，膜质。早春生于阔叶树桩或倒木上。可食用。

▲ 中文名称：黄鳞伞
拉丁学名：*Pholiota flammans* (Batsch) P. Kumm.
科名：球盖菇科 Strophariaceae
简要特征：菌盖橙黄色或鲜黄色，菌柄上有簇毛状鳞片。生于针叶树腐木上，不宜食用。

▲ 中文名称：钟形斑褶菇
拉丁学名：*Panaeolus papilionaceus* (Bull.) Quél.
科名：暂不确定
简要特征：子实体灰褐色，菌盖表面黏，边缘有菌幕残片，菌褶表面花斑状，柄细长。粪生。有毒，易导致幻觉。

▼ 中文名称：网顶光柄菇
拉丁学名：*Pluteus umbrosus* (Pers.) P. Kumm.
科名：光柄菇科 Pluteaceae
简要特征：菌盖钟形至平展，有黄褐色不规则网状纹饰，菌褶边缘黑褐色。菌柄浅黄褐色。单生或群生于腐木上。

◄ 中文名称：灰假杯伞
拉丁学名：*Pseudoclitocybe cyathiformis* (Bull.) Singer
科名：白蘑菇科 Tricholomataceae
简要特征：菌盖和菌柄灰色、灰棕色，菌柄基部稍膨大且有毛。

◄ 中文名称：黏革耳
拉丁学名：*Panus adhaerens* (Alb. & Schwein.: Fr.) Corner
科名：多孔菌科 Polyporaceae
简要特征：木生小型伞菌，子实体坚韧，菌盖表面被有裂片状鳞片。

▲ 中文名称：金褐光柄菇
拉丁学名：*Pluteus chrysophaeus* (Schaeff.) Quél.
科名：光柄菇科 Pluteaceae
简要特征：菌盖深橙黄色，边缘有条纹，菌柄黄绿色，透明一样。单生于木材上。

◄ 中文名称：巨大革耳
拉丁学名：*Panus giganteus* (Berk.) Corner
科名：多孔菌科 Polyporaceae
简要特征：又称"猪肚菇"。子实体很大，为味道鲜美的食用菌，本图片是栽培现场照片。

4 蘑菇的主要类群

▲ 中文名称：黄盖脆柄菇
拉丁学名：*Psathyrella candolleana* (Fr.) Maire
科名：小脆柄菇科 Psathyrellaceae
简要特征：菌盖淡黄色至乳白色，边缘有菌幕残片。子实体易碎，极常见。

▲ 中文名称：侧壁泡头菌
拉丁学名：*Physalacria lateriparies* X. He & F.Z. Xue
科名：泡头菌科 Physalacriaceae
简要特征：菌盖为封闭的，类似灯泡状，表面产生孢子，柄细长，丛生。

◀ 中文名称：尖鳞伞
拉丁学名：*Pholiota squarrosoides* (Peck) Sacc.
科名：球盖菇科 Strophariaceae
简要特征：菌盖和菌柄上密布尖尖的鳞片，成丛生长。

◀ 中文名称：射纹鬼伞
拉丁学名：*Parasola leiocephala* (P.D. Orton) Redhead, Vilgalys & Hopple
科名：小脆柄菇科 Psathyrellaceae
简要特征：菌盖表面黄褐色，有褶状条纹。

◀ 中文名称：橘红光柄菇
拉丁学名：*Pluteus aurantiorugosus* (Trog) Sacc.
科名：光柄菇科 Pluteaceae
简要特征：菌盖表面尤其是中央部位橘红色，菌褶淡粉色。腐木生。

Colorful World of Mushrooms

▼ 中文名称：卷边桩菇
拉丁学名：*Paxillus involutus* (Batsch) Fr.
科名：桩菇科 Paxillaceae
简要特征：菌盖边缘往往内卷，湿时黏。不宜食用。

▼ 中文名称：紫革耳
拉丁学名：*Panus conchatus* (Bull.) Fr.
科名：多孔菌科 Polyporaceae
简要特征：菌盖表面紫褐色，边缘下卷，菌褶延生，菌柄短，偏生。

▲ 中文名称：黄褐鳞伞
拉丁学名：*Pholiota spumosa* (Fr.) Singer
科名：球盖菇科 Strophariaceae
简要特征：菌盖黄色，中部深黄褐色，黏。菌褶黄褐色，菌柄上有鳞片。可食用。

◀ 中文名称：侧耳
拉丁学名：*Pleurotus ostreatus* (Jacq.) P. Kumm.
科名：侧耳科 Pleurotaceae
简要特征：生于阔叶树干上，常常叠生。菌盖灰白色，菌柄侧生。可食用。

▲ 中文名称：多脂鳞伞
拉丁学名：*Pholiota adiposa* (Batsch) P. Kumm.
科名：球盖菇科 Strophariaceae
简要特征：生于杨树、柳树的树干及枯木上，菌盖上有鳞片，湿时黏。可食用，有栽培。

▲ 中文名称：黏盖鳞伞
拉丁学名：*Pholiota lubrica* (Pers.) Singer
科名：球盖菇科 Strophariaceae
简要特征：菌盖红褐色，菌柄上有鳞片，生于林地倒木上。可食用。

▲ 中文名称：烧地鳞伞
拉丁学名：*Pholiota highlandensis* (Peck) A.H. Sm. & Hesler
科名：球盖菇科 Strophariaceae
简要特征：群生或丛生于过火林地。菌盖红褐色，菌柄细，菌褶灰褐色。

▲ 中文名称：桤生鳞伞
拉丁学名：*Pholiota alnicola* (Fr.) Singer
科名：球盖菇科 Strophariaceae
简要特征：生于桦树桩上，可食用。具有较好的引种驯化价值。

▶ 中文名称：金毛鳞伞
拉丁学名：*Pholiota aurivella* (Batsch) P. Kumm.
科名：球盖菇科 Strophariaceae
简要特征：一般生于柳树树干上，黄褐色菌盖上生有簇毛状鳞片。

▲ 中文名称：毛盖脆柄菇
拉丁学名：*Psathyrella velutina* (Pers.) Singer
科名：小脆柄菇科 Psathyrellaceae
简要特征：菌盖有簇毛状平伏鳞片，菌盖边缘往往挂菌幕残片，菌褶褐色。

▲ 中文名称：肺形侧耳
拉丁学名：*Pleurotus pulmonarius* (Fr.) Quél.
科名：侧耳科 Pleurotaceae
简要特征：生于树干或倒木上，菌柄在一侧生长。美味食用菌。

◀ 中文名称：翘鳞伞
拉丁学名：*Pholiota squarrosa* (Vahl) P. Kumm.
科名：球盖菇科 Strophariaceae
简要特征：生于枯木上，菌盖及菌柄的表面有翘起的鳞片。

▼ 中文名称：黏环鳞伞
  拉丁学名：*Pholiota lenta* (Pers.) Singer
  科名：球盖菇科 Strophariaceae
  简要特征：生于混交林地。菌盖黄色，黏，中部黄褐色，菌盖边缘上有膜质菌环残留。

▲ 中文名称：狮黄光柄菇
  拉丁学名：*Pluteus leoninus* (Schaeff.) P. Kumm.
  科名：光柄菇科 Pluteaceae
  简要特征：一般单生于阔叶树倒木上，菌盖上有辐射状条纹。

▲ 中文名称：地鳞伞
  拉丁学名：*Pholiota terrestris* Overh.
  科名：球盖菇科 Strophariaceae
  简要特征：丛生于树根基部，菌盖和菌柄上均有翘起的黄褐色毛状鳞片。

中文名称：黄毛侧耳
拉丁学名：*Phyllotopsis nidulans* (Pers.) Singer
科名：白蘑科 Tricholomataceae
简要特征：没有菌柄，菌盖表面密被黄色毛。

▼ 中文名称：汤姆斯光柄菇
拉丁学名：*Pluteus thomsonii* (Berk. & Broome) Dennis
科名：光柄菇科 Pluteaceae
简要特征：突出的特征是菌盖表面的网状纹饰，边缘有放射状条纹，生于腐木上。

▼ 中文名称：圆孢侧耳
拉丁学名：*Pleurocybella porrigens* (Pers.) Singer
科名：小皮伞科 Marasmiaceae
简要特征：子实体白色至乳白色，贝壳形，大片群生于树皮表面。

▲ 中文名称：帽状光柄菇
拉丁学名：*Pluteus petasatus* (Fr.) Gillet
科名：光柄菇科 Pluteaceae
简要特征：菌盖灰白色，中部褐色。菌褶淡粉色，离生。孢子印粉红色。

▲ 中文名称：白鳞伞
拉丁学名：*Pholiota populnea* (Pers.) Kuyper & Tjall.–Beuk.
科名：球盖菇科 Strophariaceae
简要特征：生于杨树树干上，菌盖上有褐色鳞片，菌柄粗大。

▲ 中文名称：金顶侧耳
拉丁学名：*Pleurotus citrinopileatus* Singer
科名：侧耳科 Pleurotaceae
简要特征：菌盖金黄色，菌柄白色，菌褶延生。美味食用菌，已有人工栽培。

◀ 中文名称：黄侧火菇
拉丁学名：*Pleuroflammula flammea* (Murrill) Singer
科名：丝盖伞科 Inocybaceae
简要特征：不常见，稀有分布物种。子实体小型，扇形，菌盖边缘锯齿状，菌柄短小，侧生并带有不明显的菌环。腐生菌。

▲ 中文名称：桃红侧耳
拉丁学名：*Pleurotus djamor* (Rumph. Fr.) Boedjin
科名：侧耳科 Pleurotaceae
简要特征：菌盖及菌褶淡粉红色，扇形，往往边缘不规则瓣裂。

▲ 中文名称：早生脆柄菇
拉丁学名：*Psathyrella gracilis* (Fr.) Quél.
科名：小脆柄菇科 Psathyrellaceae
简要特征：春季发生。菌盖黄褐色，菌褶褐色，菌柄脆骨质，易碎。

◀ 中文名称：灰光柄菇
拉丁学名：*Pluteus cervinus* (Schaeff.) P. Kumm.
科名：光柄菇科 Pluteaceae
简要特征：子实体中等大小，菌盖灰黄色至灰褐色，中部凸出，菌柄灰白色。生于阔叶腐木上。

▲ 中文名称：耳状桩菇
拉丁学名：*Pseudomerulius curtisii* (Berk.) Redhead & Ginns
科名：小塔氏菌科 Tapinellaceae
简要特征：大片叠生于腐木上，无菌柄，通体硫磺色。

◀ 中文名称：掌状玫耳
拉丁学名：*Rhodotus palmatus* (Bull.) Maire
科名：泡头菌科 Physalacriaceae
简要特征：稀有真菌，生于腐木上。菌盖肉红色，有网状条纹，菌柄上有油状分泌物。

▼ 中文名称：毛黑轮
拉丁学名：*Resupinatus trichotis* (Pers.) Singer
科名：白蘑科 Tricholomataceae
简要特征：子实体像展开的小扇子，蓝灰色，没有菌柄，由菌盖的一侧着生于腐木上。

▲ 中文名称：粗柄粉褶菌
拉丁学名：*Rhodophyllus crassipes* (Imazeki & Toki) Imazeki & Hongo
科名：粉褶菌科 Entolomataceae
简要特征：生于阔叶林地。菌褶肉粉色，菌柄粗大。可食用，但要注意与有毒种的区别。

▲ 中文名称：斜盖粉褶菌
拉丁学名：*Rhodophyllus aborticus* (Berk. et Curt.)Sing.
科名：粉褶菌科 Entolomataceae
简要特征：子实体灰白色，其特殊的现象是菌丝体受到某种刺激后会呈不规则的团状（右）。

◀ 中文名称：小黑轮
拉丁学名：*Resupinatus applicatus* (Batsch) Gray
科名：白蘑科 Tricholomataceae
简要特征：黑色小扇形蘑菇，生于树皮或腐烂的木材上，没有菌柄，以一侧着生于基物上。

▼ 中文名称：褐斑金钱菌
  拉丁学名：*Rhodocollybia maculata* (Alb. & Schwein.) Singer
  科名：小皮伞科 Marasmiaceae
  简要特征：菌盖初期白色，成熟后出现褐色斑点。生于松林地上。

▼ 中文名称：臭黄菇
  拉丁学名：*Russula foetens* (Pers.) Pers.
  科名：红菇科 Russulaceae
  简要特征：菌盖黄褐色，湿时黏，边缘内卷，有条纹，菌柄白色。

◀ 中文名称：红斑黄菇
  拉丁学名：*Russula aurea* Pers.
  科名：红菇科 Russulaceae
  简要特征：菌盖为鲜艳的橙红色，但颜色不均匀，红黄相间，黏。菌柄淡黄色。可食用。

▲ 中文名称：毒红菇
  拉丁学名：*Russula emetica* (Schaeff.) Pers.
  科名：红菇科 Russulaceae
  简要特征：群生于松林地上。菌盖红色，易褪色，边缘略有条纹，菌柄白色。有毒。

▲ 中文名称：腓骨小菇
  拉丁学名：*Rickenella fibula* (Bull.) Raithelh.
  科名：暂不确定
  简要特征：子实体很小，一般长在倒木上的苔藓丛中。

▶ 中文名称：变色红菇
拉丁学名：*Russula cyanoxantha* (Schaeff.) Fr.
科名：红菇科 Russulaceae
简要特征：颜色多变的蘑菇，菌盖有青灰、紫绿、蓝绿等色彩，菌柄白色。

▲ 中文名称：沼泽红菇
拉丁学名：*Russula paludosa* Britzelm.
科名：红菇科 Russulaceae
简要特征：生于针叶林地潮湿的苔藓丛中。菌盖半球形，红色，褪色后变浅。菌肉白色，脆。菌褶白色。菌柄往往向下渐渐变粗。

◀ 中文名称：玫瑰红菇
拉丁学名：*Russula rosacea* (Bull.) Fr.
科名：红菇科 Russulaceae
简要特征：菌盖表面红色，菌柄的表面也带浅红色。单生或散生于阔叶林地上。

▲ 中文名称：绿菇
拉丁学名：*Russula virescens* (Schaeff.) Fr.
科名：红菇科 Russulaceae
简要特征：少见的绿色蘑菇。菌盖初期深绿色，后龟裂。菌柄近白色，向下渐细。可食用。

4 蘑菇的主要类群

◀ 中文名称：脱皮黄菇
拉丁学名：*Russula senecis* S. Imai
科名：红菇科 Russulaceae
简要特征：菌盖表皮易脱落，边缘有条纹，菌褶边缘黄褐色，菌柄表面也有黄褐色细小鳞片。

◀ 中文名称：茶褐黄菇
拉丁学名：*Russula sororia* Fr.
科名：红菇科 Russulaceae
简要特征：单生或群生于阔叶林或针阔混交林内的地上。菌盖边缘有棱纹。可食用。

▲ 中文名称：小毒红菇
拉丁学名：*Russula fragilis* Fr.
科名：红菇科 Russulaceae
简要特征：子实体小，常常单生于林中地上。菌盖深粉红色，中部颜色深。菌柄白色。有毒。

▲ 中文名称：大白菇
拉丁学名：*Russula delica* Fr.
科名：红菇科 Russulaceae
简要特征：子实体大型，菌盖乳白色，杯状翻起。菌褶直生至延生，菌柄白色。

▼ 中文名称：乳酪金钱菌
　拉丁学名：*Rhodocollybia butyracea* (Bull.) Lennox
　科名：小皮伞科 Marasmiaceae
　简要特征：菌褶极密，菌盖边缘颜色浅。

▼ 中文名称：稀褶黑菇
　拉丁学名：*Russula nigricans* (Bull.) Fr.
　科名：红菇科 Russulaceae
　简要特征：大型蘑菇。突出的特点是菌褶稀疏，成熟后变黑色。

▲ 中文名称：黄菇
　拉丁学名：*Russula ochroleuca* (Pers.) Fr.
　科名：红菇科 Russulaceae
　简要特征：菌盖柠檬黄色，菌柄白色。单生于松林地上，格外醒目。

▲ 中文名称：铜绿红菇
　拉丁学名：*Russula aeruginea* Fr.
　科名：红菇科 Russulaceae
　简要特征：菌盖灰绿色至铜绿色，中部下凹，边缘有条纹。菌褶近白色。菌柄白色，中空。

▲ 中文名称：血红菇
　拉丁学名：*Russula sanguinea* (Bull.) Fr.
　科名：红菇科 Russulaceae
　简要特征：生于混交林地上，菌盖朱红色，菌褶白色，菌柄白色，表面带红色。

◀ 中文名称：铜绿球盖菇
拉丁学名：*Stropharia aeruginosa* (Curtis) Quél.
科名：球盖菇科 Strophariaceae
简要特征：小时菌盖绿色，老后淡绿色。菌环以下有鳞片，菌环以上光滑。

▲ 中文名称：棕灰口蘑
拉丁学名：*Tricholoma myomyces* (Pers.) J.E. Lange
科名：白蘑科 Tricholomataceae
简要特征：菌盖表面有灰色毛状鳞片，菌褶白色。生于落叶松林地，可食用。

▲ 中文名称：淡黄拟口蘑
拉丁学名：*Tricholomopsis decora* (Fr.) Singer
科名：白蘑科 Tricholomataceae
简要特征：生于针叶树的腐木上，菌柄往往偏一侧着生，无菌环。

▲ 中文名称：裂褶菌
拉丁学名：*Schizophyllum commune* Fr.
科名：裂褶菌科 Schizophyllaceae
简要特征：极其普遍，因菌褶边缘纵向裂开而得名。常见于多种阔叶树树干或树桩、枯枝上。菌盖表面密被簇毛，无菌柄。可食用。

◀ 中文名称：脐突菌瘦伞
拉丁学名：*Squamanita umbonata* (Sumst.) Bas
科名：白蘑科 Tricholomataceae
简要特征：菌盖表面被黄褐色细鳞片。菌褶密，白色。菌肉白色。菌柄粗壮，基部有块状菌托。稀有物种。

中文名称：鳞皮假脐菇
拉丁学名：*Tubaria furfuracea* (Pers.) Gillet
科名：丝盖伞科 Inocybaceae
简要特征：子实体较小，菌盖上有细小鳞片，黏土黄色，菌柄基部有白色菌丝团。

▼ 革耳状小塔氏菌
拉丁学名：*Tapinella panuoides* (Batsch) E.-J. Gilbert
科名：小塔氏菌科 Tapinellaceae
简要特征：子实体扇形，无柄，菌褶较密且基部交织。

▲ 中文名称：毛柄小塔氏菌
拉丁学名：*Tapinella atrotomentosa* (Batsch) Šutara
科名：小塔氏菌科 Tapinellaceae
简要特征：菌盖肝褐色。菌褶延生，基部交织。菌柄偏生，表面密被褐色粗毛。

▲ 中文名称：黄褐口蘑
拉丁学名：*Tricholoma fulvum* (Fr.) Bigeard & H. Guill.
科名：白蘑科 Tricholomataceae
简要特征：子实体较小。菌盖表面黄褐色，中部颜色深并常常突起。菌褶淡黄色。菌柄中空，基部稍膨大。不宜食用。

▲ 中文名称：粗糙假脐菇
拉丁学名：*Tubaria confragosa* (Fr.) Harmaja
科名：丝盖伞科 Inocybaceae
简要特征：子实体红褐色，菌环膜质，白色。生于腐木上。

◀ 中文名称：红拟口蘑
拉丁学名：*Tricholomopsis rutilans* (Schaeff.) Singer
科名：白蘑科 Tricholomataceae
简要特征：菌盖和菌柄上有细毛状红紫色鳞片，生于腐木上。

▼ 中文名称：黄干脐菇
  拉丁学名：*Xeromphalina campanella* (Batsch) Maire.
  科名：小菇科 Mycenaceae
  简要特征：大片群生、丛生于针叶树腐木上。菌盖中央脐状下凹，菌柄下部黑褐色。

▼ 中文名称：矮小包脚菇
  拉丁学名：*Volvariella pusilla* (Pers.) Singer
  科名：光柄菇科 Pluteaceae
  简要特征：子实体较小，纯白色，菌盖表面有细毛。菌托瓣裂。生于草地。

▲ 中文名称：黏盖包脚菇
  拉丁学名：*Volvariella gloiocephala* (DC.) Boekhout & Enderle
  科名：光柄菇科 Pluteaceae
  简要特征：菌盖灰白色或灰褐色，菌托大。

▲ 中文名称：褐柄干脐菇
  拉丁学名：*Xeromphalina cauticinalis* (With.) Kühner & Maire
  科名：小菇科 Mycenaceae
  简要特征：菌盖黄褐色，菌柄褐色、黑褐色，基部膨大并有黄褐色菌丝团。

▲ 中文名称：银丝包脚菇
  拉丁学名：*Volvariella bombycina* (Schaeff.) Singer
  科名：光柄菇科 Pluteaceae
  简要特征：最突出的特点是菌托大。菌盖上密被淡黄色（成熟后白色）毛。

牛肝菌类

子实体肉质，肥厚，除了个别种以外没有菌褶，取而代之的是菌管。牛肝菌中可食用种类较多。

▶ 中文名称：美味牛肝菌
拉丁学名：*Boletus edulis* Bull.
科名：牛肝菌科 Boletaceae
简要特征：著名食用菌，也叫"粗腿蘑"。个体较大，属于蘑菇中的"大个子"。

▲ 中文名称：兄弟牛肝菌
拉丁学名：*Boletus fraternus* Peck
科名：牛肝菌科 Boletaceae
简要特征：菌盖红色，菌管面黄色，伤后变蓝色。菌柄较细，表面粗糙，带红色。

◀ 中文名称：紫褐牛肝菌
拉丁学名：*Boletus violaceofuscus* W.F. Chiu
科名：牛肝菌科 Boletaceae
简要特征：子实体大型，菌盖紫褐色，管孔面淡黄色。菌柄粗大，表面有明显网状纹饰。

▼ 中文名称：小牛肝菌
拉丁学名：*Boletus paluster* Peck
科名：牛肝菌科 Boletaceae
简要特征：生于落叶松林地上。菌盖粉红色，被毛状鳞片，有膜质菌幕。菌管面黄色。

▼ 中文名称：裂皮疣柄牛肝菌
拉丁学名：*Leccinum extremiorientale* (Lar.N. Vassiljeva) Singer
科名：牛肝菌科 Boletaceae
简要特征：大型牛肝菌，子实体结实，红褐色，盖皮不规则裂开后露出白色菌肉。可食用。

▲ 中文名称：橙黄疣柄牛肝菌
拉丁学名：*Leccinum aurantiacum* (Bull.) Gray
科名：牛肝菌科 Boletaceae
简要特征：菌柄表面有褐色疣突，子实体肥厚。可食用。

▲ 中文名称：褐疣柄牛肝菌
拉丁学名：*Leccinum scabrum* (Bull.) Gray
科名：牛肝菌科 Boletaceae
简要特征：菌盖栎褐色，有短绒毛，菌管面白色，菌柄灰白色，表面密布黑褐色疣突。可食用。

▶ 中文名称：灰环黏盖牛肝菌
拉丁学名：*Suillus viscidus* (L.) Roussel
科名：乳牛肝菌科 Suillaceae
简要特征：菌盖黏，边缘有菌幕残片，菌肉伤后略变蓝色。生于松林地上，可食用。

▲ 中文名称：褐圆孢牛肝菌
拉丁学名：*Gyroporus castaneus* (Bull.) Quél.
科名：圆孢牛肝菌科 Gyroporaceae
简要特征：子实体较大，菌盖红褐色，菌管层白色，菌柄与菌盖同色。

▲ 中文名称：褶孔牛肝菌
拉丁学名：*Phylloporus bellus* (Massee) Corner
科名：牛肝菌科 Boletaceae
简要特征：与其他牛肝菌不同在于有"菌褶"而不是"菌管"，因此而得名。菌盖幼小时红褐色，有绒感，成熟后形成小鳞片，菌褶黄色，稀疏，延生。

▲ 中文名称：点柄乳牛肝菌
拉丁学名：*Suillus granulatus* (L.) Roussel
科名：乳牛肝菌科 Suillaceae
简要特征：俗称"黏团子"，秋季大量发生，生于松林地。菌肉滑腻，可食用。

多彩的蘑菇世界
东北亚地区原生态蘑菇图谱

▶ 中文名称：雅致厚环乳牛肝菌
拉丁学名：*Suillus grevillei* (Klotzsch) Singer
科名：乳牛肝菌科 Suillaceae
简要特征：菌盖黏，红褐色。菌管面黄色，有较大的菌环。生于落叶松林地。可食用。

▲ 中文名称：黏盖乳牛肝菌
拉丁学名：*Suillus luteus* (L.) Roussel
科名：乳牛肝菌科 Suillaceae
简要特征：菌盖红褐色，黏，菌肉肥厚，有菌环。可食用。

▲ 中文名称：松塔牛肝菌
拉丁学名：*Strobilomyces strobilaceus* (Scop.) Berk.
科名：牛肝菌科 Boletaceae
简要特征：菌盖和菌柄上有紫褐色粗毛状翘起的鳞片，菌盖边缘有白色菌幕残片。单生于阔叶林地。

▼ 中文名称：绒黏盖牛肝菌
拉丁学名：*Suillus tomentosus* (Kauffman) Singer
科名：乳牛肝菌科 Suillaceae
简要特征：子实体肥厚，菌盖黄褐色，密被毛状鳞片。菌肉伤后变青蓝色。生于松林地。可食用。

▼ 中文名称：新苦粉孢牛肝菌
拉丁学名：*Tylopilus neofelleus* Hongo
科名：牛肝菌科 Boletaceae
简要特征：子实体较大型，菌盖和菌管面均为淡紫色至紫褐色。菌肉较厚，伤后不变色。菌柄上部浅紫褐色，中下部深紫褐色，表面细条状网纹。生于针叶林或针阔混交林地。

▶ 中文名称：黄基粉孢牛肝菌
拉丁学名：*Tylopilus chromapes* (Frost) A.H. Sm. & Thiers
科名：牛肝菌科 Boletaceae
简要特征：菌盖红褐色，菌管面黄色，菌柄的上部带红色，基部黄色。生于长白山高山苔原带。

腹菌类

这类真菌的形态独特，它们的孢子在菌体内产生，之后通过菌体上特有的结构释放出来。常见的有马勃、鬼笔等，较为珍贵的有竹荪。

◀ 中文名称：硬皮地星
拉丁学名：*Astraeus hygrometricus* (Pers.) Morgan
科名：异囊菌科 Diplocystidiaceae
简要特征：子实体初期近球形，外皮开裂后呈星形，内皮薄，灰白色，顶端孔裂并释放粉状孢子。生于沙质土上。

▲ 中文名称：阿氏尾花菌
拉丁学名：*Clathrus archeri* (Berk.) Dring
科名：鬼笔科 Phallaceae
简要特征：菌蕾球形，白色，菌托有3~5根圆柱形的分枝。

▲ 中文名称：红皮美口菌
拉丁学名：*Calostoma cinnabarinum* Corda
科名：美口菌科 Calostomataceae
简要特征：子实体分为红色的头部和淡黄色软骨质的柄部。头部近球形，顶端开口。菌柄有多条绳索状结构组成。生于林地上。

▲ 中文名称：头状马勃
拉丁学名：*Calvatia craniiformis* (Schwein.) Fr.
科名：蘑菇科 Agaricaceae
简要特征：子实体较大型，颅骨形，表面具有易脱落的颗粒状附属物。未成熟前菌肉有臭味。

▼ 中文名称：大秃马勃
拉丁学名：*Calvatia gigantea* (Batsch) Lloyd
科名：蘑菇科 Agaricaceae
简要特征：菌体硕大，直径可达几十厘米甚至更大，生于草地。可药用。

▼ 中文名称：红笼头菌
拉丁学名：*Clathrus ruber* f. kusanoi Kobayasi
科名：鬼笔科 Phallaceae
简要特征：生于沙质草地。因子实体的头部有红色笼头状而得名。

▲ 中文名称：白蛋巢菌
拉丁学名：*Crucibulum laeve* (Huds.) Kambly
科名：蘑菇科 Agaricaceae
简要特征：生于腐木、枯枝上。杯子里面的小包是白色的，包被内壁也呈白色。

中文名称：黄裙竹荪
拉丁学名：*Dictyophora multicolor* Berk.
科名：鬼笔科 Phallaceae
简要特征：菌裙黄色或橙黄色。用小菌蕾加湿培养的方法可以得到优美的子实体。

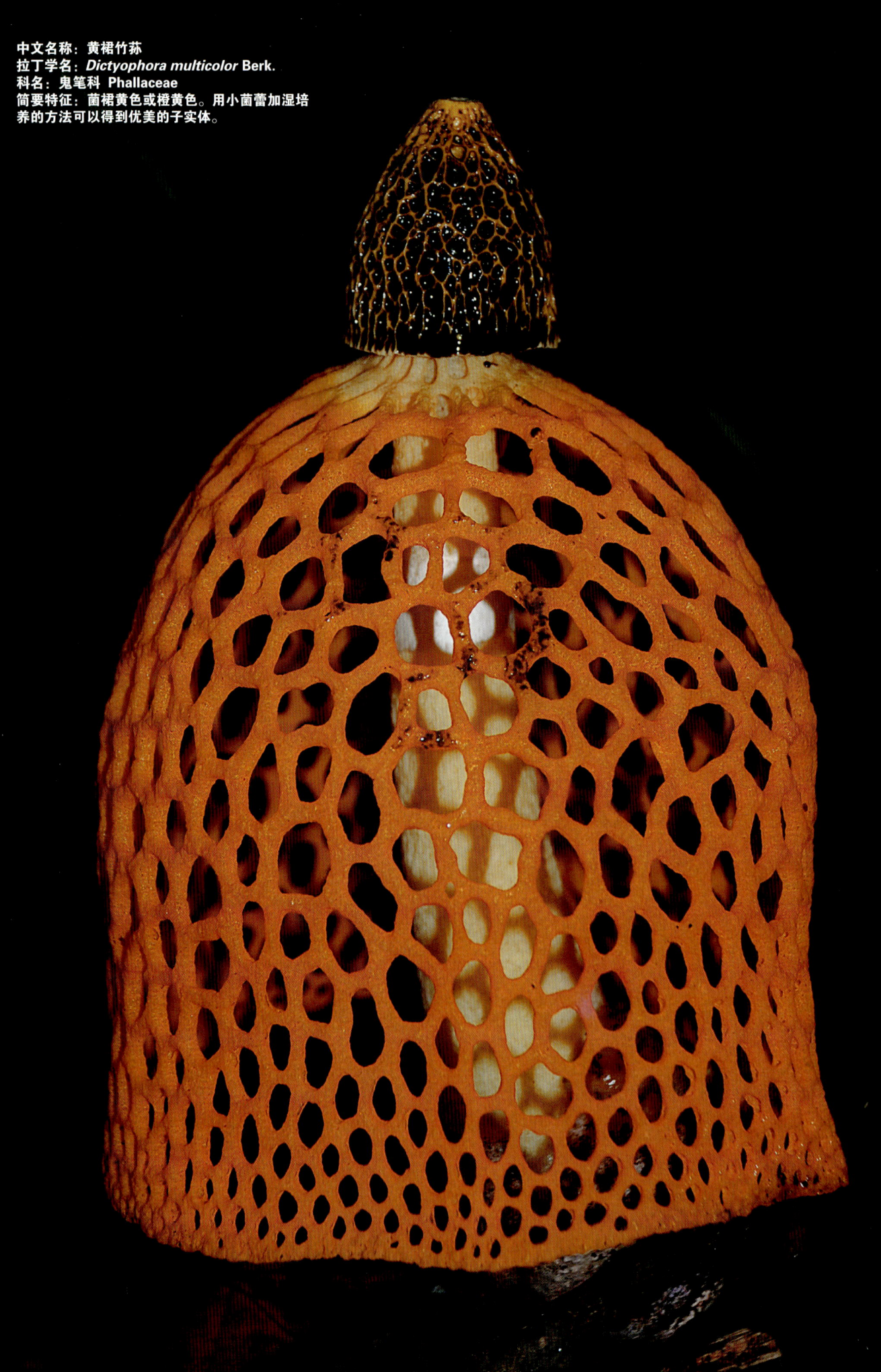

4 蘑菇的主要类群

◀ 中文名称：隆纹黑蛋巢菌
拉丁学名：*Cyathus striatus* (Huds.) Willd.
科名：蘑菇科 Agaricaceae
简要特征：生于潮湿的粪土上。杯子内壁上有隆起的条纹。

▲ 中文名称：脱盖灰包
拉丁学名：*Disciseda cervina* (Berk.) Hollós
科名：蘑菇科 Agaricaceae
简要特征：外形像马勃，灰白色，纽扣形，顶端孔裂，基部有外包被残留形成的底座。生于草原沙土上。

▲ 中文名称：粪生黑蛋巢菌
拉丁学名：*Cyathus stercoreus* (Schwein.) De Toni
科名：蘑菇科 Agaricaceae
简要特征：一般在牛马的粪便上生长，像在杯子里装着几颗小球一样，那铅灰色的小球里含有孢子。

Colorful World of Mushrooms 149

▼ 中文名称：短裙竹荪
拉丁学名：*Dictyophora duplicata* (Bosc.) Fischer
科名：鬼笔科 Phallaceae
简要特征：菌体由头部、柄部和菌托组成，而在柄的上端长出网格状的"裙子"。

▼ 中文名称：袋状地星
拉丁学名：*Geastrum saccatum* Fr.
科名：地星科 Geastraceae
简要特征：子实体的外面一层随着成熟开裂成若干瓣，成熟时由内层的顶部凸起上的嘴释放孢子。

▲ 中文名称：毛咀地星
拉丁学名：*Geastrum fimbriatum* Fr.
科名：地星科 Geastraceae
简要特征：外包被较厚，内面白色，光滑，嘴部不明显，有纤维状毛。

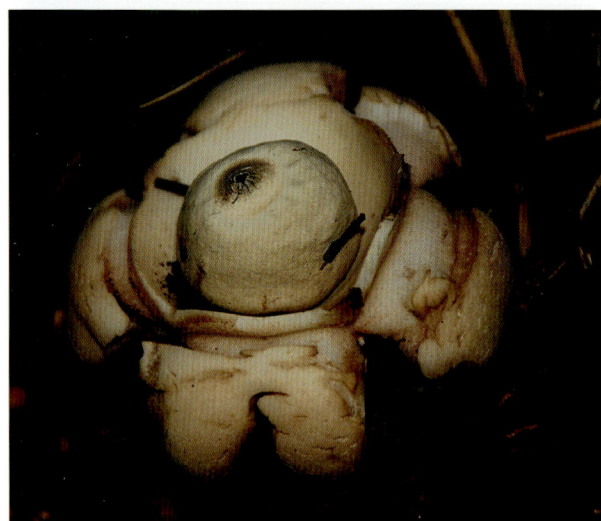

▲ 中文名称：尖顶地星
拉丁学名：*Geastrum triplex* Jungh.
科名：地星科 Geastraceae
简要特征：个体较大，成熟后外面一层开裂后留下"高领衫"样的环状结构。

▲ 中文名称：蓖齿地星
拉丁学名：*Geastrum pectinatum* Pers.
科名：地星科 Geastraceae
简要特征：与一般地星不同的是有"脖子"，外被层的纤维层易脱落。

▼ 中文名称：白笼头菌
拉丁学名：*Ileodictyon gracile* Berk.
科名：鬼笔科 Phallaceae
简要特征：菌蕾球形，开裂后出现白色网格状结构，带臭味的绿色黏液粘在上面，容易吸引苍蝇。少见。

▼ 中文名称：小林腹菌
拉丁学名：*Kobayasia nipponica* (Kobayasi) S. Imai & A. Kawam.
科名：鬼笔科 Phallaceae
简要特征：菌体内包着很多舌状块形物，表层较薄。少见。

◀ 中文名称：白鳞马勃
拉丁学名：*Lycoperdon mammaeforme* Pers.
科名：蘑菇科 Agaricaceae
简要特征：球形菌体表面有容易脱落的白色鳞片。

◀ 中文名称：钩刺马勃
拉丁学名：*Lycoperdon echinatum* Pers.
科名：蘑菇科 Agaricaceae
简要特征：子实体表面密生钩刺并几个刺头聚集在一起。生于松林地上。

▲ 中文名称：五棱散尾菌
拉丁学名：*Lysurus mokusin* (L.) Fr.
科名：鬼笔科 Phallaceae
简要特征：寿命很短，整个生长过程不过几个小时。菌体头部有4~5个棱，有时顶端有长尖。

▲ 中文名称：红蛋巢菌
拉丁学名：*Nidula niveotomentosa* (Henn.) Lloyd
科名：蘑菇科 Agaricaceae
简要特征：与粪生蛋巢菌不同的是杯子里面的小包是红色的。

▲ 中文名称：梨形马勃
拉丁学名：*Lycoperdon pyriforme* Schaeff.
科名：蘑菇科 Agaricaceae
简要特征：与其他马勃不同的是梨形马勃生于树干或腐木上，而且往往大量出现。初期菌盖近白色，里面的孢子成熟后变成黄褐色，并在顶部开孔散发孢子。

▲ 中文名称：蛇头菌
拉丁学名：*Mutinus caninus* (Huds.) Fr.
科名：鬼笔科 Phallaceae
简要特征：与红鬼笔相似，但没有明显的菌盖，并且个体瘦小。

▲ 中文名称：网纹马勃
拉丁学名：*Lycoperdon perlatum* Pers.
科名：蘑菇科 Agaricaceae
简要特征：子实体表面的刺脱落之后留下网状痕迹。

▼ 中文名称：白鬼笔
  拉丁学名：*Phallus impudicus* L.
  科名：鬼笔科 Phallaceae
  简要特征：从淡粉色的菌托中长出来，比红鬼笔更粗壮。

▲ 中文名称：豆包菌
  拉丁学名：*Pisolithus arhizus* (Scop.) Rauschert
  科名：硬皮马勃科 Sclerodermataceae
  简要特征：很奇特的一种真菌，外形像一块石头，切开后里面像彩色豆一样，因此而得名。一般生于沙质山地。

▲ 中文名称：红鬼笔
  拉丁学名：*Phallus rubicundus* (Bosc) Fr.
  科名：鬼笔科 Phallaceae
  简要特征：庭院、草地上常见真菌。淡红色的柄上拖着带有又黏又臭液体的菌盖来吸引苍蝇来为它传播孢子，因为那个黏性物质里有数不清的孢子。

▶ 中文名称：黄鬼笔
  拉丁学名：*Phallus costatus* (Penz.) Lloyd
  科名：鬼笔科 Phallaceae
  简要特征：头部黄色，并淡黄色，生长时间短，从菌蕾长出到萎蔫不过半天时间。

▲ 中文名称：橙黄硬皮马勃
拉丁学名：*Scleroderma citrinum* Pers.
科名：蘑菇科 Agaricaceae
简要特征：一般半地下生长，表层较厚，没有孔洞，内部紫褐色。成熟后内部产生孢子。基部有菌索埋于土内。

▲ 中文名称：马勃状硬皮马勃
拉丁学名：*Scleroderma areolatum* Ehrenb.
科名：蘑菇科 Agaricaceae
简要特征：生于沙质土上。外形像马勃，但孢子形态不同。子实体较小，扁球形，表面被暗褐色鳞片，易裂开。内部灰褐色。基部有白色根状菌索。

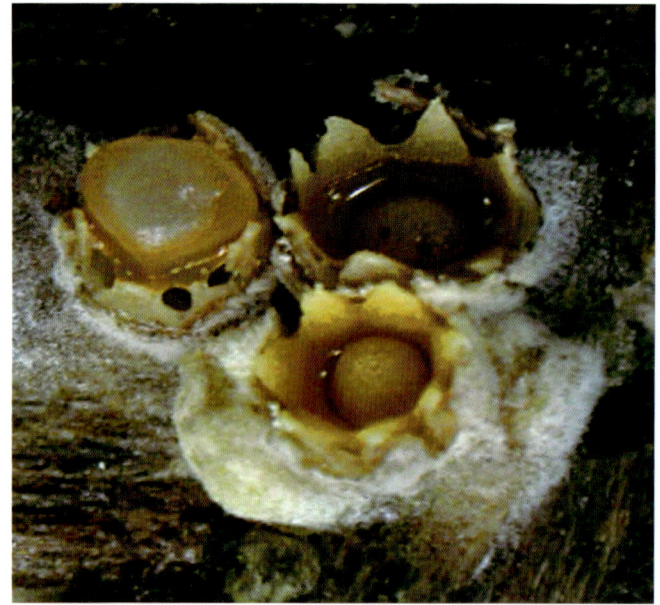

▲ 中文名称：弹球菌
拉丁学名：*Sphaerobolus stellatus* Tode
科名：地星科 Geastraceae
简要特征：子实体球状，白色至淡黄色。成熟时顶部瓣裂，淡黄色黏球从包被中弹出。生于潮湿的腐木上。

▲ 中文名称：褐柄灰锤
拉丁学名：*Tulostoma bonianum* Pat.
科名：蘑菇科 Agaricaceae
简要特征：子实体茶褐色，头部表面有细小颗粒，顶端开口。菌柄纤维质，坚硬。

冒充蘑菇的其他菌物

黏菌

说黏菌是"另类"蘑菇，因为它没有蘑菇的结构特征，不属于子囊菌也不属于担子菌，而是介于动物和真菌之间的类群，即黏菌门。黏菌的生命活动极其特殊，首先它的营养方式靠吞噬而不是分解；此外，生活史当中产生两种孢子：游动胞和孢囊孢子；更为特殊的是它的营养体（原质团）阶段为无细胞结构的多核体，并且能够爬行……本章节仅介绍与蘑菇相近的个别黏菌种类。

▲ 黏菌吞噬的食物一般认为是细菌，但是也能捕捉到大型猎物。图片中煤绒菌 *Fuligo septica* (L.) F.H. Wigg. 的原质团正在"吃"腓骨小菇 *Rickenella fibula* (Bull.) Raithelh.

光果菌
Leocarpus fragilis（j. Dick.）Rostaf
孢囊群丛生，每个孢囊为短柱形，有柄，表面亮丽，十分醒目。

4 蘑菇的主要类群

银耳 *Tremella fuciformis* Berk.（左，担子菌）与发网菌 *Stemonitis* sp.（右，黏菌）的原质团。

桂花耳 *Dacryopinax spathularia* (Schwein.) G.W. Martin（左，担子菌）与发网菌 *Stemonitis* sp.（右，黏菌）子实体。

瓦尼木层孔菌 *Phellinus vaninii* Ljub.（左，担子菌）与煤绒菌 *Fuligo septica* var. *flava* (Pers.) Morgan（右，黏菌）。

悬垂箭皮菌 *Radulodon copelandii* (Pat.) N. Maek.（左，担子菌）与管状鹅绒菌 *Ceratiomyxa fruticulosa* var. *descendens* Emoto（右，黏菌）。

华蜂巢菌 *Sinofavus allantosporus* W.Y. Zhuang & Tolgor（左，子囊菌）与蜂窝状鹅绒菌 *Ceratiomyxa porioides* (Alb. & Schwein.) J. Schröt.（右，黏菌）。

担子菌的菌落（左）与黏菌的原质团（右）。

炭球菌*Daldinia concentrica* (Bolton) Ces. & De Not.（左，子囊菌）与粉瘤菌*Lycogala epidendrum* (J.C. Buxb. ex L.) Fr.（右，黏菌）。

梨形马勃*Lycoperdon pyriforme* Schaeff.（上，担子菌）与孔膜菌 *Reticularia lycoperdon* Bull.（下，黏菌）。

蜡壳耳*Sebacina incrustans* (Pers.) Tul. & C. Tul.（左，担子菌）与复囊钙皮菌*Mucilago crustacea* P.Michel ex F.H.Wigg.（右，黏菌）。

地衣

众所周知,地衣是菌藻共生体,也就是两种生物结合在一起变成另一种生物,即藻类+菌类=地衣。组成地衣的菌类主要以子囊菌为主,因此从有些地衣上能看出子囊菌的一些形态特征,甚至达到让初学者无法辨认是地衣还是子囊菌的程度。

树皮上的地衣子囊盘(上)与橙色双孢菌*Bisporella citrina* (Batsch) Korf & S.E.Carp(下)极其相似。

5 蘑菇的生态适应与分布类型
Ecological adaptation and distribution type of mushrooms

蘑菇有腐生、寄生、共生等生态适应类型,以便更好地适应复杂多样的自然生态环境。蘑菇分布于广阔的草原、森林和山地,这个规律恰好体现在"蘑"字上!

腐生真菌

当你走进林子里,你就会发现在落叶、枯枝、枯木或者在树干上长满了各种各样、五颜六色的蘑菇。是的,这种靠分解植物残体而生存的真菌叫做腐生真菌,它们是真正的"清道夫",把木材中的纤维素和木质素分解成小分子物质来吸收利用。

树干上生长的蘑菇

肺形侧耳 *Pleurotus pulmonarius* (Fr.) Quél.

日本脐菇 *Omphalotus japonicus* (Kawam.) Kirchm. & O.K. Mill.

角凸小菇 *Mycena corynephora* Mass

冬菇 *Flammulina velutipes* (Curtis) Singer

金毛鳞伞 *Pholiota aurivella* (Batsch) P. Kumm.

树干基部生长的蘑菇

白假鬼伞 *Coprinellus disseminatus* (Pers.) J.E. Lange

硫磺菌 *Laetiporus sulphureus* (Bull.) Murrill.

黄干脐菇 *Xeromphalina campanella* (Batsch) Maire.

库恩菇 *Kuehneromyces mutabilis* (Schaeff.) Singer & A.H. Sm.

伐桩上生长的蘑菇

奥氏蜜环菌 *Armillaria ostoyae* (Romagn.) Herink.

异担子菌 *Heterobasidion insulare* (Murrill) Ryvarden.

红缘层孔菌 *Fomitopsis pinicola* (Sw.) P. Karst.

梨形马勃 *Lycoperdon pyriforme* Schaeff.

枯枝落叶上生长的蘑菇

黑柄小皮伞 *Marasmius nigripes* Pat.

蜂斗叶杵瑚菌 *Pistillaria petasitidis* S. Imai

小皮伞一种 *Marasmius* sp.

安络小皮伞 *Marasmius androsaceus* (L.) Fr.

微皮伞一种 *Marasmiellus* sp.

草地上生长的蘑菇

硬柄小皮伞 *Marasmius oreades* (Bolton) Fr.

乳头状大环柄菇 *Macrolepiota mastoidea* (Fr.) Sing

动物粪便上生长的蘑菇

白绒鬼伞 *Coprinopsis lagopus* (Fr.) Redhead.

半球盖菇 *Stropharia semiglobata* (Batsch) Quél.

类生裸盖菇 *Psilocybe coprophila* (Bull.) P. Kumm.

特殊环境中生长的蘑菇

长在树洞里的钟形亚脐菇 *Xeromphalina campanella* (Batsch) Maire.。

生于火烧地上的波状根盘菌 *Rhizina undulata* Fr.。

生于室内花盆中的纯黄白鬼伞 *Leucocoprinus birnbaumii* (Corda) Singer.。

球果、种子以及河岸沙地上生长的蘑菇

小孢菌 *Baeospora myosura* (Fr.) Singer.

耳匙菌 *Auriscalpium vulgare* Gray.

小皮伞一种 *Marasmius* sp.

紫晶蜡蘑 *Laccaria amethystea* (Bull.) Murrill
生长于河岸、沙地上。

苔藓丛中生长的蘑菇

腓骨小菇 *Rickenella fibula* (Bull.) Raithelh.

盔孢菌一种 *Galerina* sp.

脐形小鸡油菌 *Cantharellula umbonata* (J.F. Gmel.) Singer

居家附近生长的蘑菇

粗毛栓菌 *Trametes trogii* Berk. 生长于行道树上。

毛头鬼伞 *Coprinus comatus* (O.F. Müll.) Pers. 生长于庭园草地。

褐色腐朽与白色腐朽

不同真菌对木材的分解能力是不同的，并且先分解哪些物质、后分解哪些物质有一定的顺序。一般子囊菌和部分担子菌没有分解木质素的能力，只分解纤维素和半纤维素，木材呈褐色，称为褐色腐朽，如鹿胶角 *Calocera viscosa* (Pers.) Fr.；而簇生沿丝伞 *Hypholoma fasciculare* (Huds.) P. Kumm.等担子菌能够将木质素分解掉，因此呈白色，叫做白色腐朽。腐生菌虽然没有菌根菌那样严格的选择性，但因树种的不同木材分解菌的种类组成多少存在差异。

白色腐朽簇生沿丝伞 *Hypholoma fasciculare* (Huds.) P. Kumm. 分解木材呈白色，柔软。

木材的白色腐朽

木材的褐色腐朽

褐色腐朽鹿角菌 *Calocera viscosa* (Pers.) Fr. 分解后木材呈褐色块状。

共生真菌

有些蘑菇在土壤中通过菌丝与植物的根系相连接形成"菌根"共生体。菌根对植物的生长发育具有明显的促进作用，也能够提高植物的抗病能力。因此，保护好形成菌根的蘑菇（菌根菌）是至关重要的。

许多蘑菇看起来和植物没有任何的联系，其实不然。只有把蘑菇根部挖出来观察，才有可能发现蘑菇与植物的"地下联系"。

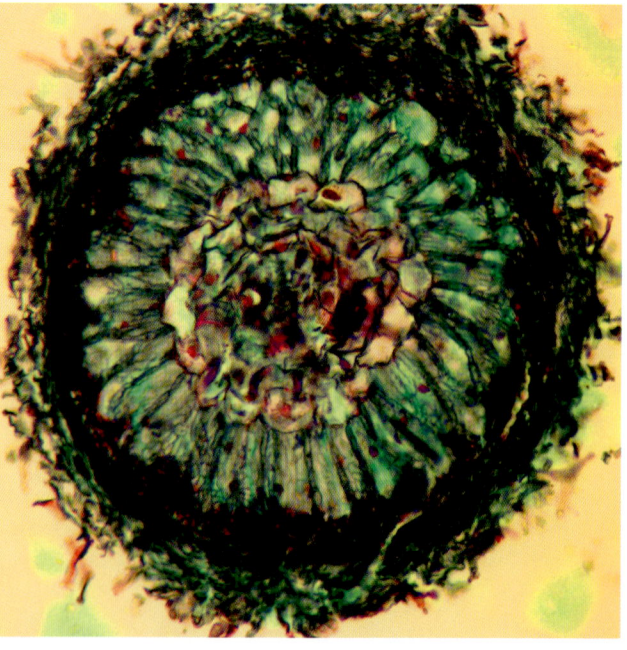

图片上颜色浅的部分就是菌根共生体。

菌根的横切面。外面包的一层松散的结构叫菌丝鞘，可为植物根系提供水分和无机盐。

蘑菇圈

蘑菇在地上生长的时候按照一定的规律成圈，就形成了蘑菇圈。蘑菇圈又叫"仙人环"，传说在仙女们玩耍过的地方才能出蘑菇圈。虽然对蘑菇圈的形成原理有各种各样的假说，但是人们还是对它有所了解。如哪些蘑菇能够形成蘑菇圈，蘑菇圈的寿命有多长以及蘑菇圈对周围植物生长的影响等。

蒙古口蘑 *Tricholoma mongolicum* S.Imai
生长的蘑菇圈的草明显高且深绿色，比较容易分辨。

有时蘑菇圈的直径很大，因此只能看见其一段成趟的蘑菇，这类蘑菇在东北称作"趟子蘑"。
图为水粉杯伞 *Clitocybe nebularis* (Batsch) P. Kumm.

林下经常看到这样成圈生长的小蘑菇——堆金钱菌
Gymnopus acervatus (Fr.) Murrill.。

玉米黑粉菌（乌米）*Ustilago maydis* (DC.) Corda就是一种寄生菌，生长在玉米穗上吸取营养，导致玉米大幅减产。

寄生真菌

与腐生真菌不同，寄生真菌是靠从活体植物上吸取营养而生存的。因此，无论是对林业还是对农业寄生菌所带来的只是病害，包括动物体内的寄生真菌。我们把这种能够导致动植物疾病的寄生真菌叫做病原真菌，如玉米黑粉菌。

蘑菇与其他生物的关系

蘑菇在自然生态系统中并不是独立存在的，除了以腐生、寄生和共生的方式与植物发生依存关系以外，蘑菇还与动物甚至和其他的菌类保持着特殊的生存关系。这对了解蘑菇世界的生存方式以及整个生态系统的结构起到帮助作用。

蘑菇与植物

蘑菇与植物的关系在腐生、共生和寄生关系中有所了解，在这里将进一步举例说明。

银莲花核盘菌 *Dumontinia tuberosa* (Bull.) L.M. Kohn
专门生长在多被银莲花（俗名两头尖）的根上，共生。

著名的药用植物天麻假如没有与它生死与共的伙伴——蜜环菌（榛蘑） *Armillaria mellea* (Vahl) P. Kumm.，恐怕就不能生存。

天麻花茎

蘑菇与蘑菇等其他真菌

一种真菌长在另外一种真菌上，甚至一种蘑菇长在另一种蘑菇上，虽然这种现象并不普遍，但也并不是什么奇怪的事情。

血红小菇 *Mycena haematopus* (Pers.) P. Kumm.的菌盖上长满了一种叫做"接合菌"的小菇伞菌霉 *Spinellus fusiger* (Link) Tiegh.的低等菌类。

蜜环菌的菌丝寄生在斜盖粉褶菌 *Entoloma abortivum* (Berk. & M.A. Curtis) Donk上，导致后者的子实体不能够正常生长而成一团块。

这种白色小蘑菇叫做"蕈生菌 *Asterophora lycoperdoides* (Bull.) Ditmar"，也就是蘑菇上长的蘑菇的意思。它专门寄生于黑菇 *Russula nigricans* (Bull.) Fr.的菌盖上，属专性寄生。

虎皮牛肝菌 *Suillus pictus* (Peck) A.H. Sm. & Thiers上长出一种叫"小皮伞 *Marasmius* sp."的小蘑菇，实属罕见。

绿粉菌 *Hypomyces viridis* (Alb. & Schwein.) P. Karst.在红菇 *Russula* sp.的菌褶上寄生。

多彩的蘑菇世界
东北亚地区原生态蘑菇图谱

蘑菇与动物

蘑菇作为动物的食品并不奇怪，奇怪的是有些真菌的生长离不开某种动物，或者依赖动物的身体，或者依赖动物的粪便、分泌物、骸骨等。对这些真菌来讲，动物是它们不可或缺的生存条件。

很多蘑菇是昆虫等小动物们的美食，蘑菇上往往能看到虫子啃吃的痕迹。

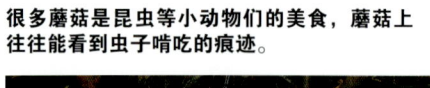

红鬼笔菌盖上的墨绿色黏液是苍蝇的美食，苍蝇在取食的同时帮助鬼笔类菌传播孢子，因为绿色黏液中含有孢子。因此，红鬼笔菌是"虫媒"真菌。

蛞蝓在森林环境中十分常见，它的食物来源也很多，但蘑菇是它不容错过的美食。

蘑菇菌褶内布满了小型蝇类昆虫。

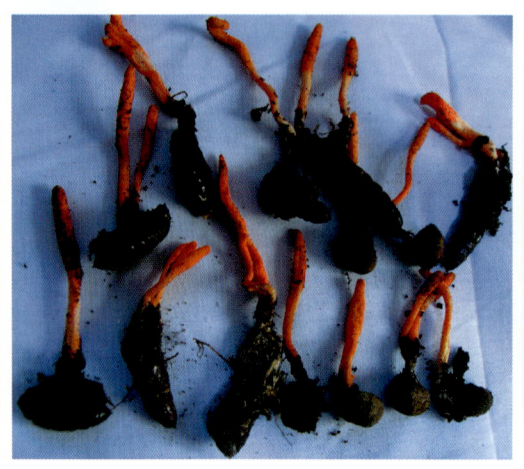

虫草类真菌生长在鳞翅目昆虫的蛹、茧或成虫上。

蝴蝶也光顾鬼笔。

174　Colorful World of Mushrooms

蘑菇的分布类型

观察蘑菇的分布你可以发现它有的单枪匹马,有的成群结队,还有的紧紧拥抱在一起,体现出蘑菇不同种类的分布特点。根据这个特点可以鉴别一些蘑菇,也可以在栽培蘑菇时作为参考,因为生长方式的不同往往与产量有密切的关系。

簇生(榆黄蘑)　　叠生(亚侧耳)　　单生(豹斑鹅膏菌)

散生(红菇)

群生(烧地鳞伞)

丛生(脆柄菇)

蘑菇的警戒色和保护色

我们知道昆虫有警戒色和保护色，其实蘑菇也有伪装能力。

白耙齿菌生长在细枝条上，乍一看像是虫子，让我们联想到动物的拟态。

有的蘑菇的颜色在环境中十分醒目，起到警戒色的作用。

茶耳与落叶几乎难于区分，也可算是保护色。

木蹄层孔菌的颜色与桦树皮浑然一体，起到保护色的作用。

6 蘑菇的经济价值
The economic value of mushrooms

如今,蘑菇是大家公认的美味,同时它又具有营养丰富、热能低的优点,因此,被作为"健康食品"而广受推崇。此外,蘑菇还具有一定的辅助治疗和预防疾病的作用。

如今，蘑菇作为"健康食品"、"功能性食品"越来越受欢迎，甚至有人评价它是"植物性食品的顶峰"、"人类最后的食品"。香港中文大学蕈菌学家张树廷教授却用"无叶无芽无花自身结果，可食可药周身是宝"的诗句比较准确地概括了蘑菇所具有的生物学特征及其利用价值。蘑菇受欢迎的原因有三：一是美味。很多食用菌吃起来口感好，色、香、味俱全。二是营养丰富。一般的食用菌都含有丰富的蛋白质、脂肪、糖类、纤维素和无机元素等人体所需的营养成分。难怪有厨师讲"吃四条腿的不如吃两条腿的，吃两条腿的不如吃单条腿的"。这里所说的"单条腿的"指的就是蘑菇。三是保健功能。蘑菇首先是低热能的美味食品，同时它具有一定的辅助治疗和预防疾病的作用，如降低胆固醇，改善高血脂，提高机体免疫力，预防高血压、糖尿病、阿尔茨海默病和癌症等。有的已经形成保健食品或药品，如治疗胃病、十二指肠溃疡的冲剂、片剂等药品、保健品，都是用蘑菇做原料制成的。从这个意义上讲，蘑菇是真正的"食药同源"了！

常见药用真菌

虫草类

这类真菌生于昆虫的蛹、茧、幼虫或成虫上。一般含有大量人体必需的蛋白质、氨基酸、矿物质和维生素，以及虫草多糖、虫草酸、腺苷等具有特殊功能和作用的活性成分，对人体有多种功效。

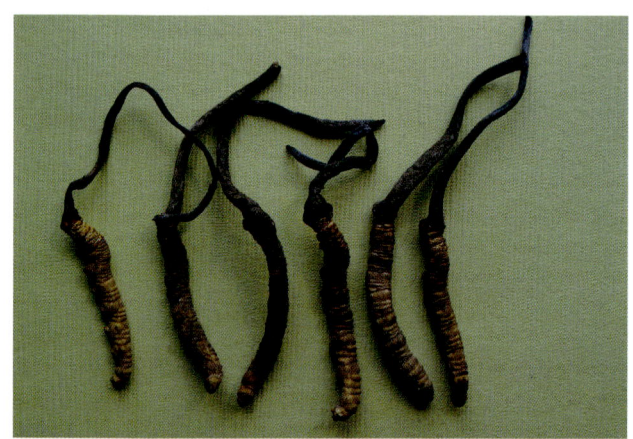

蛹虫草 *Cordyceps militaris* (L.) Link 的野生生长状态。

冬虫夏草 *Ophiocordyceps sinensis* (Berk.) G.H. Sung, J.M. Sung, Hywel-Jones & Spatafora

蛹虫草 *Cordyceps militaris* (L.) Link 比冬虫夏草分布广泛。因长在鳞翅目昆虫的蛹或茧上而得名，可药用。可以大量人工培养。

灵芝类

我国的灵芝资源十分丰富，有100多种，主要分布于海南、广东等南方省份。一般生于树干、倒木、伐桩及树干基部。如松杉灵芝，补气安神、止咳平喘，用于眩晕不眠、心悸气短、虚劳咳喘等症。

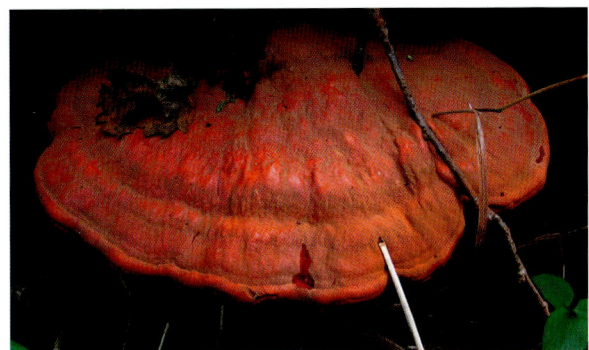

松杉灵芝（野生） *Ganoderma tsugae* Murrill.

市场上的松杉灵芝 *Ganoderma tsugace* Murrill.

灵芝（野生） *Ganoderma ludidum* (Curtis) P. Karst.

火木层孔菌
Phellinus igniarius (L.) Quél.

商品名桑黄，生于杨、柳、桦等多种阔叶树树干上。可入药，具有抗肿瘤和提高机体免疫功能的功效。

野生火木层孔菌生长状况

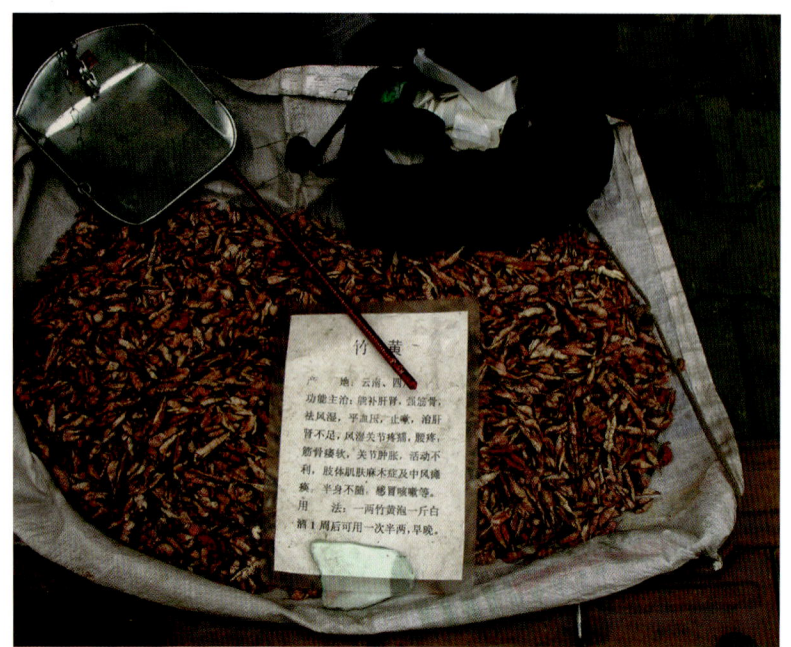

作为药材的竹黄子座部分

竹黄 *Shiraia bambusicola* Henn.
　　子座入药。性温，味淡。有止咳，祛痛，舒筋活络，祛风利湿，补血活血，散瘀通经等功效。

野生桦褐孔菌菌核

桦褐孔菌
Inonotus obliquus (Ach. ex Pers.) Pilát
　　俗名（桦）树茶，生于桦树立木上。菌核黑色瘤状，可入药。泡水喝，能够增强机体的免疫功能，抵抗各种病原微生物的侵袭，防治各种流行性传染病。

市售桦褐孔菌

药用拟层孔菌
Fomitopsis officinalis (Vill.) Kotl. & Pouzar

生于落叶松树干上。可用于治疗腹痛、感冒、肺结核患者盗汗和慢性气管炎及毒蛇咬伤。

茯苓
Wolfiporia extensa (Peck) Ginns

茯苓为最常见的传统中药之一。性平,味甘淡。有利水渗湿,健脾宁心作用。平时在药房所见到的茯苓是方糖一样的。

药用拟层孔菌的子实体

加工后的茯苓药材

猪苓
Polyporus umbellatus (Pers.) Fr.

菌核入药,性平,味甘,有利水渗湿作用。主要治疗急性肾炎,全身浮肿,口渴,小便不利等疾病。

猪苓地上子实体

猪苓地下菌核

扁灵芝（树舌）
Ganoderma applanatum (Pers.) Pat.

性平，微苦，抗癌、止痛、清热、化积、止血、化痰、消炎解毒，用于治疗食道癌，肺结核。在临床上主要用于治疗癌腹水、神经系统疾病、肝炎、心脏病、糖尿病和糖尿病并发症，预防和治疗胃溃疡、急慢性胃炎、十二指肠溃疡、胃酸过多等胃病，具有较高的药用价值。

白耙齿菌
Irpex lacteus (Fr.) Fr.

生于阔叶树的枝条上。菌丝体发酵物入药，是"肾炎康"的原料。

上图：野生扁灵芝，下图：人工栽培扁灵芝。

白耙齿菌的野外生长状况

杂色云芝的野生状态

安络小皮伞生长状态

杂色云芝
Trametes versicolor (L.) Lloyd

性寒，味微甘，具清热消炎、祛湿化痰之功效。云芝多糖体已用于治疗乙型肝炎，迁延性肝炎，慢性活动性肝炎。对多种类型的肿瘤有抑制和治疗作用。

安络小皮伞
Marasmius androsaceus (L.) Fr.

生于林内枯枝落叶上的小型伞菌，菌索发达。这是"安络痛"的原料，可治疗跌打损伤，三叉神经痛、偏头痛以及骨折疼痛等。

常见食用真菌

冬菇 *Flammulina velutipes* (Curtis) Singer

商品名"金针菇"。在阔叶林腐木桩上或根部丛生。它含人体所需的8种氨基酸,特别是赖氨酸含量很高;该菌还含有多种维生素和矿质元素,其中维生素B1、维生素B2和维生素C含量较高。

人工栽培的冬菇　　　　　　　　　　**野生冬菇**

人工栽培的金耳　　　　　　　　　　**野生的"小刺猴头"**

金耳
Tremella aurantialba Bandoni & M. Zang

菌体金黄色或淡黄色,脑状,胶质,是近年研制开发的优良食用菌,我国云南有人工栽培。

猴头菌 *Hericium erinaceus* (Bull.) Pers.

子实体球形,表面长满刺。生于阔叶树腐木上。可药用,为"胃乐新颗粒"的原料。曾经被称作小刺猴头 *Hericium caput-medusae* (Bull.) Pers.。

印度块菌 *Tuber indicum* Cooke & Massee

块菌是一种和树木根系共生的菌根菌，生于地下，是一种昂贵的食用菌，尤其在欧洲被称作"黑色钻石"。在中国市场上最为常见的是印度块菌，大小如乒乓球，产于西南地区。

产于我国西南地区的印度块菌，偶尔见于东北地区市场上。

松茸 *Tricholoma matsutake* (S. Ito & S. Imai) Singer

在日本被誉为"软黄金"。主产于日本、朝鲜半岛和我国东北地区。

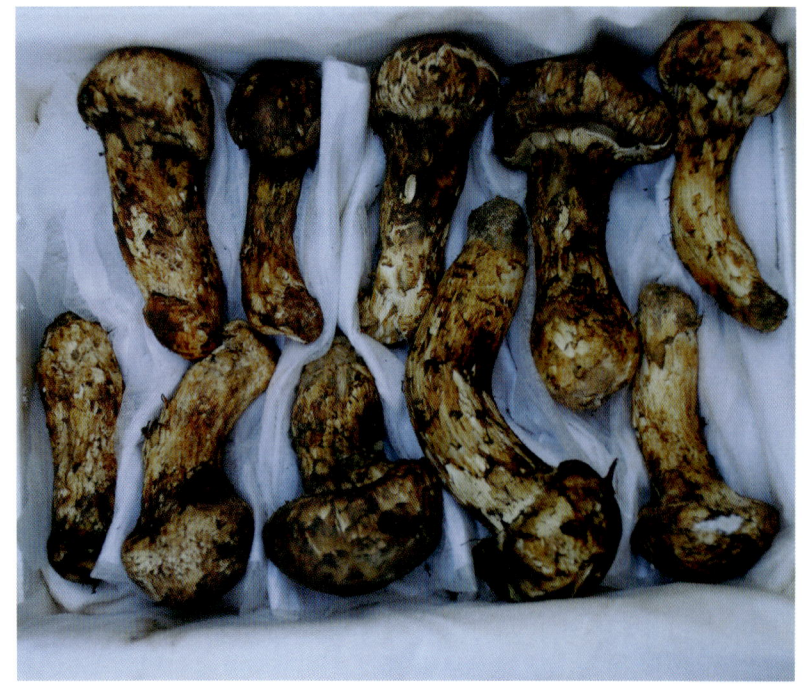

市场上销售的野生松茸

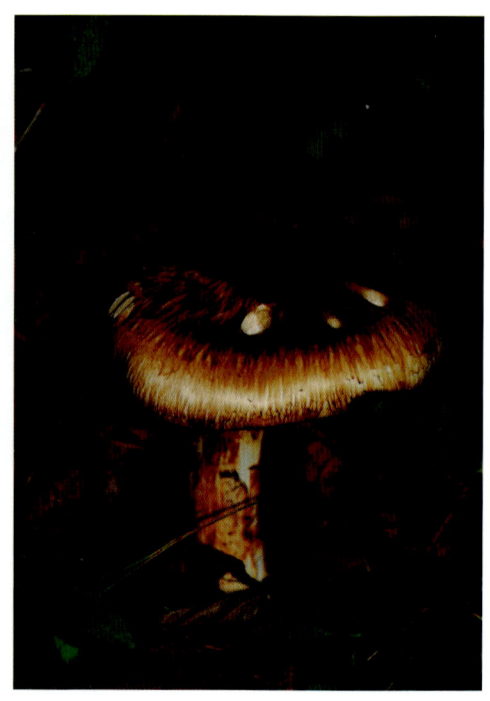

松茸的野生生长状态

黑木耳 *Auricularia auricula-judae* (Bull) Quél.

野生黑木耳生于倒木、枯立木、枯枝上，现有大量人工栽培。为极其普遍的食用菌，经常食用具有降低血脂、软化血管之功效。

采收后的黑木耳　　　　　　　　　　野生黑木耳

银耳 *Tremella fuciformis* Berk.

夏秋季生于阔叶树腐木上，有大量栽培。入药能强精、补肾、滋阴、润肺、生津、止咳、清热、润肠、益胃、补气、强心、壮身、补脑、提神。

野生银耳

人工栽培毛木耳的生长状态

毛木耳 *Auricularia polytricha* (Mont.) Sacc.

毛木耳含粗蛋白质、粗脂肪、糖类、胡萝卜素、硫胺素、抗坏血酸，其中含氨基酸的总量为4.68%，含有人体必需氨基酸7种，其他氨基酸9种。

野生奥氏蜜环菌

蜜环菌 *Armillaria mellea* (Vahl) P.Kumm 和奥氏蜜环菌 *Armillaria ostoyae* (Romagn.) Herink

统称"榛蘑"。秋季丛生或群生于针阔叶树枯立木、倒木、伐桩及活立木根基部。我国东北地区老百姓最喜欢食用的食用菌之一。鲜、干均可食用。

采摘后的蜜环菌和奥氏蜜环菌

野生蜜环菌

野生荷叶离褶伞

市场上的荷叶离褶伞

荷叶离褶伞
Lyophyllum decastes (Fr.) Singer

在草地或林下成丛生长。口感鲜美，并具有提高机体免疫力、降低胆固醇、降低血糖等保健作用。

6 蘑菇的经济价值

野生鸡油菌

采摘后的鸡油菌

鸡油菌 *Cantharellus cibarius* Fr.

俗称杏黄蘑，夏末至秋末，散生或群生于白桦林地上。食药兼用。味道鲜美，营养丰富。具有清肝、明目、利肺、和胃、益肠和抗衰老等作用。

紫丁香蘑 *Lepista nuda* (Bull.) Cooke.

俗称"紫花脸蘑"。在我国东北地区市场上十分常见，是深受欢迎的野生食用菌。

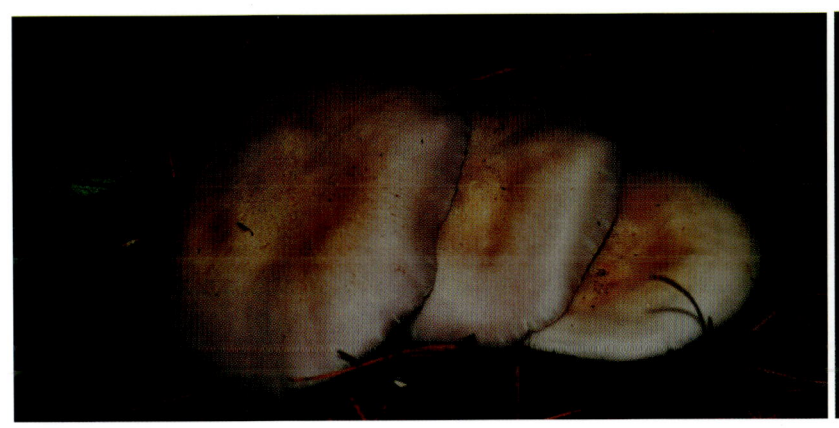
野生紫丁香蘑

市场上的紫丁香蘑

榆耳 *Gloeostereum incarnatum* S. Ito & S. Imai.

又称"肉蘑"。生于榆枯树枝干上。该菌味道鲜美、口感柔中脆嫩、营养丰富，对高血压、动脉硬化和痢疾有辅助治疗作用。

野生榆耳

人工栽培的榆耳

金顶侧耳 *Pleurotus citrinopileatus* Singer

俗称"榆黄蘑"。生于榆树等阔叶树倒木、树干上。含丰富的粗蛋白质、粗脂肪、粗纤维和氨基酸，其中精氨酸和谷氨酸的含量较高。

栽培的金顶侧耳（左：地栽；右：袋栽）

野生金顶侧耳　　　市场上的金顶侧耳　　　晒干后的金顶侧耳

多脂鳞伞 *Pholiota adiposa* (Batsch) P. Kumm.

又称"黄伞"，是近几年人工栽培成功的一种食用菌。野生于柳树等阔叶树干上，所以又名"柳树蘑"或"柳菇"。

人工栽培的多脂鳞伞　　　野生多脂鳞伞

点柄乳牛肝菌 *Suillus granulatus* (L.) Roussel.

东北俗称"黏团子"。夏秋季散生、群生于松林或混交林地上。可食用，味道好，营养丰富。

点柄乳牛肝菌生长环境

采摘后的点柄乳牛肝菌

晒干后的点柄乳牛肝菌

柠檬蜡伞 *Hygrophorus lucorum* Kalchbr.

俗称"小黄蘑"。秋季群生或散生于针叶林或针阔混交林地上。美味食用菌。该种发生量大，发生时间集中，是百姓采收的重要种类之一。鲜品可以腌制成咸菜；干品可用来做鸡汤，味道鲜美。

采摘后的柠檬蜡伞

柠檬蜡伞的生长环境

晾晒中的柠檬蜡伞

美味牛肝菌 *Boletus edulis* Bull.

俗称"粗腿蘑"。生于针阔混交林地上，为菌根菌。美味食用菌，具有清热除烦、养血、追风散寒、舒筋活络等功效。

美味牛肝菌

广叶绣球菌
Sparassis latifolia Y.C.Dai & Zh. Wang.

夏秋季在云杉、冷杉或松林及混交林中生长。营养丰富，野生资源比较稀少。

广叶绣球菌

硫磺菌幼小子实体

图中左侧菌管层面淡黄色的为针叶树上生，右侧乳白色的为阔叶树上生。

硫磺菌 *Laetiporus sulphureus* (Bull.) Murrill.

俗称"树鸡蘑"。生于柳、栎、云杉等活立木树干、枯立木上。该菌补益气血，主治气血不足，经常食用对人体可起重要的调节作用。目前有人把生于阔叶树上的和生于针叶树上的分为两个不同的种，主要食用的是生于阔叶树上的种。

硫磺菌的生长状态

裂褶菌
Schizophyllum commune Fr.

春季到秋季生于阔叶树及针叶树的枯枝及腐木上。裂褶菌多糖能提高人体抗病能力。

香菇 *Lentinula edodes* (Berk.) Pegler.

著名食用菌。春末夏初，野生香菇群生于多种阔叶树的枯腐木上。该菌含粗蛋白质、粗脂肪、糖类、维生素，含人体必需氨基酸。

野生裂褶菌

野生香菇

淡紫铆钉菇的生长环境

采摘后的淡紫铆钉菇

晒干的淡紫铆钉菇

淡紫铆钉菇 *Chroogomphus purpurascens* (Lj.N. Vassiljeva) M.M. Nazarova.

俗称"鸡血蘑"。秋季单生或群生于松林地上，与松树形成菌根。可食用。药用可治神经性皮炎。

侧耳 *Pleurotus ostreatus* (Jacq.) P. Kumm.

又称"平菇",是极其普遍的栽培食用菌。研究证明,平菇具有增强记忆和抗衰老的功效。

野生侧耳

人工栽培的侧耳

人工栽培的毛头鬼伞

毛头鬼伞 *Coprinus comatus* (O.F. Müll.) Pers.

俗名"鸡腿蘑"。经常食用可提高人体免疫功能,增强抗病能力。所含的脂肪多为不饱和脂肪酸,并且具有降低血糖的保健作用。但注意使用此蘑菇时不能同时饮酒。

人工栽培的巴氏蘑菇

巴氏蘑菇 *Agaricus blazei* Murrill.

俗名称"姬松茸",原产巴西、秘鲁。最近对它的抗癌活性研究比较活跃。口感独特,是一种食药兼用菇种。

光帽鳞伞
Pholiota nameko (T.Ito)S.Ito & S. Imai.

俗称"滑子蘑",普遍栽培的食用菌。该菌味道鲜美,营养丰富,含有多种维生素和氨基酸。

人工栽培的光帽鳞伞

杏鲍菇
Pleurotus eryngii (DC.) Quél.

春末至夏初腐生、兼性寄生于伞型花科植物如刺芹、阿魏的根上，野生分布于我国新疆。肉质肥厚、细腻，口感鲜美，是深受人们喜爱的珍稀食用菌。

人工栽培的杏鲍菇

蒙古口蘑 *Tricholoma mongolicum* S. Imai

生于内蒙古草原上，为珍贵的野生食用菌。常常形成蘑菇圈，可能与羊草等植物共生。菇体形正、味浓，营养成分十分丰富，同时其菌丝体营养对草原植物的生长具有一定的促进作用。

野生蒙古口蘑

市场上的蒙古口蘑

人工栽培的双孢蘑菇

野生杨树口蘑

双孢蘑菇
Agaricus bisporus (J.E. Lange) Imbach

著名食用菌，俗称"洋蘑菇"。经常食用可治疗消化不良，也具有较好的抗肿瘤活性。

杨树口蘑
Tricholoma populinum J.E. Lange

被作为"草原白蘑"出售的杨树口蘑。可食用。

草菇
Volvariella volvacea (Bull.) Singer.

西方人称草菇为"中国蘑菇"。味甘，性寒，能补脾益气，清暑热。新鲜草菇品质鲜嫩，清香鲜美。加工的干制品香味更加浓郁，可制成罐头、草菇酱油、草菇粉等制品，各具特色。

人工栽培的草菇

市售野生灰树菇

灰树花
Grifola frondosa (Dicks.) Gray.

灰树花脆嫩爽口，具有独特的口感，是珍贵的食用菌，同时具有一定的抗肿瘤作用。

市售人工栽培的长裙竹荪

长裙竹荪
Phallus indusiatus Vent.

被誉为"食用菌皇后"。具有补气养阴、润肺止咳和清热利湿作用。抑菌作用明显，有"天然保鲜剂"之称。

6 蘑菇的经济价值

羊肚菌 *Morchella esculenta* (L.) Pers.

一般春季发生，种类也较多，欧洲人喜欢食用，比较昂贵。目前可以半人工栽培获得子实体。

野生羊肚菌

美味扇菇 *Panellus edulis* Y.C. Dai, Niemelä & G.F. Qin

又称"元蘑"、"亚侧耳"。晚秋生于椴树或其他阔叶树的倒木上，覆瓦状丛生。含人体必需氨基酸7种，是东北地区老百姓喜食的野生蘑菇。现已有人工栽培。

野生美味扇菇

人工栽培的美味扇菇

美味扇菇干品

琳琅满目的蘑菇市场

市场上有各种各样的蘑菇出售。除了栽培的蘑菇以外，在很多地方野生蘑菇也占据了一定的市场，是当地老百姓的一个重要的经济来源。

猴头（大兴安岭）

蛹虫草（长春净月潭）

各种干蘑菇（长白山）

柠檬蜡伞（阿尔山）

美味牛肝菌（俄罗斯远东地区）

7 毒蘑菇家族
Poisonous mushrooms

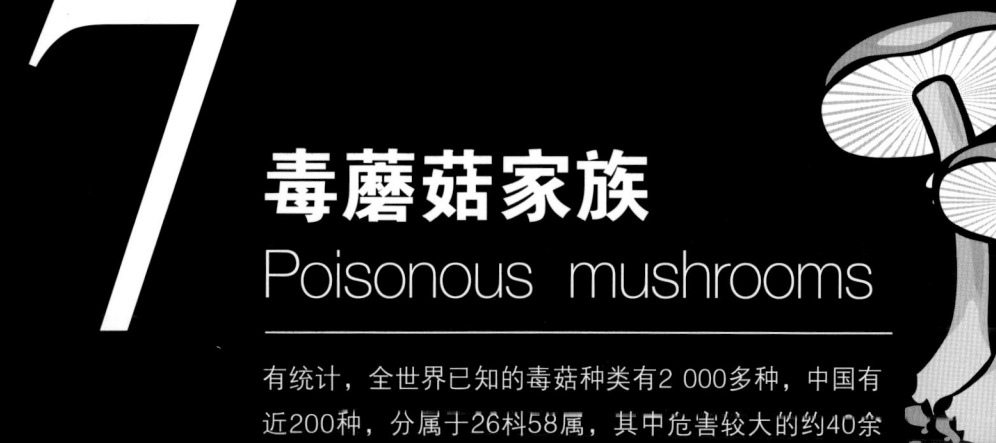

有统计，全世界已知的毒菇种类有2 000多种，中国有近200种，分属于26科58属，其中危害较大的约40余种，可致人死亡的约30余种。

人类自从采食蘑菇开始就伴随着毒蘑菇中毒事件的发生,从古至今不知有多少人被毒蘑菇夺去性命,就是到了科学技术十分发达的今天,此类事件也时有发生,从某种意义上来讲,它已成为我们开发利用蘑菇资源的一种障碍。早在1250年,陈仁玉的《菌谱》中就有"杜蕈者,生土中,俗言毒之气所成,食之杀人,甚美有恶,宜有所黜"和"凡中其毒者必笑,解之宜以苦茗杂白矾,勻新水并咽之,无不立愈"的记载。明代潘之恒的《广菌谱》(1500年)中,记述产于安徽一带的毒菌。清代吴林的《吴菌谱》(1703年)记载:"出于树者为蕈,生于地者为菌。故或有毒者,人食遇此毒多致死,甚疾速,其不死者犹能令烦闷,吐利良久始醒。""枫树蕈,食之即令人笑不止。造地浆以治之,掘地作坑,以新汲水投坑中,搅令浊,少待,其澄清取饮,即活,亦解诸毒。"

据统计,全世界已知的毒蘑菇种类有2 000多种,中国有近200种,分属于26科58属,其中危害较大的约40余种,可致人死亡的约30余种。人们对那些形色各异的毒蘑菇产生毛骨悚然的感觉。研究表明,蘑菇毒素具有特殊的生物活性,如对癌细胞的杀伤力等,人们期望通过对它的成分化学、药理学研究能够寻找到一种理想的药物,使这一古老而恐怖的"恶魔"化为治疗病魔的妙药,即"变毒为宝"。这是摆在真菌学和药物学研究者们面前的一项重要的研究课题。

常见毒蘑菇

毒蝇鹅膏的生长状态

毒蝇鹅膏
Amanita muscaria
(L.) Lam.

又名"毒蝇伞"、"捕蝇菌"、"蟾斑红毒伞"、"蛤蟆菌"。属神经毒类,食用后异常兴奋并产生幻觉,古代欧洲人利用这特征作参战士兵的兴奋剂和药酒,或用于狂欢节上。毒蝇碱可溶于水,毒性极强。由于它刺激副交感神经,引起心跳减慢减弱,加强腺体分泌,增强胃肠蠕动,发生平滑肌痉挛,瞳孔缩小,对中枢神经也有异常兴奋作用。因此,食用后常表现为兴奋、产生幻觉,流汗、流涎、流泪,肺部水肿而呼吸困难,昏迷甚至死亡。

毒蝇鹅膏在西伯利亚东部地区居住的古代土著人将其汁液掺入到果汁或伏特加酒中饮用,引起神经兴奋并能御寒。

7 毒蘑菇家族

毒鹅膏生长状态

毒鹅膏 *Amanita phalloides* (Vaill. ex Fr.) Link

又称"毒伞"、"绿帽菌"、"蒜叶菌"、"鬼笔鹅膏"。据统计,在欧洲毒蘑菇中毒事件中有90%～95%是由于误食此菌造成的。仅一个子实体就足以致人于死地。根据其结构和性质可分为鹅膏毒肽、鬼笔毒肽两种,前者为一类双环八肽,毒性比后者强10～20倍。该菌属于肝损伤型。食后潜伏期较长,一般为6～12小时,初期症状为恶心、呕吐、腹痛、腹泻,接着呼吸困难、面肌抽搐、肌肉痉挛,肝、肾细胞严重损坏,肝肥大或萎缩,昏迷致死。鹅膏类中鳞柄白鹅膏、豹斑鹅膏、白鹅膏和淡玫红鹅膏等均为剧毒的种类。

淡玫红鹅膏 *Amanita pallidorosea* P. Zhang et Zhu L. Yang 剧毒。

鳞柄白毒鹅膏菌 *Amanita virosa* (Fr.) Bertill. 剧毒。

豹斑鹅膏菌 *Amanita pantherina* (DC.) Krombh. 剧毒。

白鹅膏 *Amanita verna* (Bull.) Lam. 剧毒。

日本脐菇 *Omphalotus japonicus* (Kawam.) Kirchm. & O.K. Mill.

又名"月夜菌"、"毒侧耳"、"日本侧耳"、"日本亮耳菌"。分布于我国东北和日本。老后的日本脐菇在外形、颜色上有时酷似香菇而易被人误食。此菌还有一个特点就是在暗处菌褶发出荧光,故称"月夜菌"。属胃肠型中毒。

新鲜的日本脐菇

老后的日本脐菇

墨汁鬼伞 *Coprinopsis atramentaria* (Bull.) Redhead, Vilgalys & Moncalvo

俗称柳树钻、狗尿苔。鬼伞是一类特殊的蘑菇,单独食用并不引起中毒,但在食用时或在食用后的2~3天内饮酒即可引起脸部红肿、心率加快、头晕、恶心、呕吐等症状,并出现呼吸困难等现象。除了墨汁鬼伞外,相近属的晶粒鬼伞、毛头鬼伞也有同样的中毒反应。

墨汁鬼伞
Coprinopsis atramentaria (Bull.) Redhead
Vilgalys & Moncalvo.

晶粒小鬼伞
Coprinellus micaceus (Bull.) Vilgalys,
Hopple & Jacq. Johnson.

毛头鬼伞
Coprinus comatus (O.F.Müll.) Pers.

簇生沿丝伞
Hypholoma fasciculare (Huds.) P. Kumm.

子实体味道很苦，有时可能和其他食用菌混杂被误食。中毒症状主要是胃肠反应，但达到一定剂量时可导致死亡。群生或簇生于腐木上。

簇生沿丝伞常常大量发生

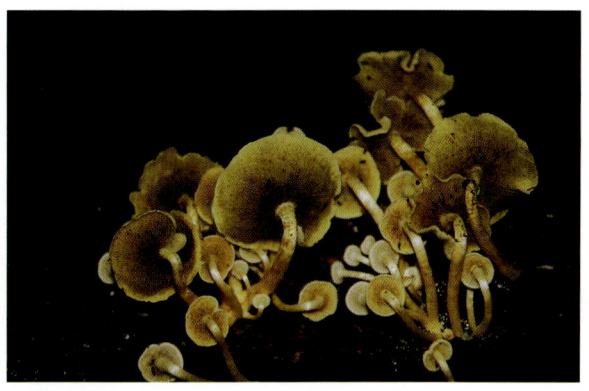
簇生沿丝伞的菌褶为黄绿色，较易分辨。

橘黄裸伞
Gymnopilus spectabilis (Fr.) Singer

广泛分布于各地的一种腐生性菌。误食后引起神经精神型中毒症状，如醉酒一般，手舞足蹈，行动不稳，狂笑或产生幻觉，重者死亡。

实验室培养的橘黄裸伞

野生橘黄裸伞

粪生裸盖菇
Psilocybe coprophila (Bull.) P. Kumm.

生于牛马粪便上的小型蘑菇。菌盖黄棕色，新鲜时胶黏。误食导致幻性中毒。

大孢花褶伞
Panaeolus papilionaceus (Bull.) Quél.

单生或群生于牛马粪便上，菌盖灰白色，略带黄褐色，半球形至钟形。菌柄细长，易折断。误食之后导致精神错乱，手舞足蹈，狂笑不止，甚至休克。草原牧区比较常见。

裂丝盖伞
Inocybe rimosa (Bull.) P. Kumm.

主要特征是菌盖斗笠形凸起，并且有绢丝状光泽。误食后1~2小时内出现胃肠不适、流汗、发冷发热、瞳孔放大、视力模糊和四肢痉挛等中毒症状。

野生大孢花褶伞

野生裂丝盖伞

鳞皮扇菇 ***Panellus stipticus*** (Bull.) P. Karst.

子实体扇形，较小，肉薄，干后容易向内卷曲。菌柄短，侧生。往往成片生长在木材表面。味苦，中毒的个案不多见。

野生鳞皮扇菇

鹿花菌 *Gyromitra esculenta* (Pers.) Fr.

此菌因地区差异也有食用者，我国民间一般认为用开水泡可拔毒。但在欧洲中毒死亡率为14.5%~34.5%，仅荷兰1957~1962年，在138名中毒患者中竟然有100人治疗无效而死亡。误食后，出现寒战、发热、头腹疼痛、面色苍白、恶心呕吐及急性溶血性贫血等症状。重者因肝肾严重受损及心力衰竭而死亡。与此接近的类群棱柄马鞍菌等无论生食还是熟食均有中毒报道。因此，食用棱柄马鞍菌也要慎重。

鹿花菌 *Gyromitra esculenta* (Pers.) Fr.　　　　　棱柄马鞍菌 *Helvella crispa* (Scop.) Fr.

胶陀螺 *Bulgaria inquinans* (Pers.) Fr.

东北地区常见，食用，俗称"猪拱嘴蘑"。处理不当容易引起皮肤见光部位肿胀，疼痛难忍。目前报道此种真菌中至少含有3种毒性成分。

野生状态下（左）和洗净后（右）的胶陀螺 *Bulgaria inquinans* (Pers.) Fr.

毒蘑菇的识别

毒蘑菇如何鉴别？或者说什么样的蘑菇是有毒的？这个问题是读者最想了解的。然而，目前还没有一种办法能够直接检测该蘑菇是否有毒。所以，我常常做这样的比喻作为这个问题的答案：好人坏人光靠长相是看不出来的，也不能按家族（相当于生物的科属）论，一个家族里有好人，有时也许出来一个坏蛋，并不奇怪。好人坏人的识别只能看其个人，看他的思想动机和行为表现了。毒蘑菇的识别也是一样的，并非像一些人所说的那样"颜色鲜艳的有毒"，也并非"白色的就没有毒"，也不是同一个科或属的有毒或者可食，因为例外现象很多，不能成为共性。如金顶侧耳、硫磺菌，尽管颜色鲜艳，但却属食用菌。也就是说不能"以貌取菇"。最科学、最直接的办法，也是惟一的办法就是对蘑菇进行分类学鉴定（必要时请教从事蘑菇分类研究的专业人士），如果在该蘑菇有关的文献中记载它有毒，就算是有毒蘑菇了；如果查到该蘑菇可食用，它就没有毒，可以放心食用了，而与它的长相没有必然的联系。

还应该指出的是，有的蘑菇本身并没有毒，但食用不适当可引起不良反应。如羊肚菌、蜜环菌、褐疣柄牛肝菌等蘑菇虽可食用，但生食容易中毒。而有的是因为食用量过多而引起中毒，如铆钉菇等。有报道称，香菇因超量食用可引起肠梗阻。

金顶侧耳 *Pleurotus citrinopileatus* Singer
菇体颜色鲜艳，但却是美味食用菌。

硫磺菌 *Laetiporus sulphureus* (Bull.) Murrill.
经常食用，但也有记载可能导致行动不稳等症状。

羊肚菌 *Morchella esculenta* (L.) Pers.
不宜生食。

蜜环菌 *Armillaria mellea* (Vahl) P. Kumm.
因食用者体质不同也有个别中毒现象。

橙黄疣柄牛肝菌 *Leccinum aurantiacum* (Bull.) Gray
生食有毒。

淡紫铆钉菇 *Chroogomphus purpurascens* (Lj.N. Vassiljeva) M.M. Nazarova
食用过量容易引起中毒。

毒蘑菇的未来开发前景

　　毒蘑菇具有很多开发利用的潜力。首先在医药方面，目前蘑菇毒素的药用研究是一项热门课题。如上所述，毒鹅膏中的很多种类所产生的毒素对生物细胞具有强烈的破坏作用。由此人们就推想用它或用其衍生物去选择性地杀死癌细胞，这是一种极具诱惑力的构想。这项工作目前已有了一定的进展。然而，由于毒素成分的收率低、资源有限、又不能人工合成，所以此类产品在国际市场上价格十分昂贵。其次，在生物学上的应用：蘑菇毒素可应用于发育动物学研究中，同时对真核细胞基因的结构、组织、功能与表达、调控研究也有重要意义。

　　另外，毒蘑菇在一定条件下也可以食用。据文献报道，毒蝇鹅膏和豹斑鹅膏干燥半年以后加热方可食用，或用水、盐水浸泡，剥掉盖皮也可以安全食用（不宜尝试）；鹿花菌的毒性成分的沸点为83.5℃，因此，食用前煮沸片刻即可拔毒；胶陀螺的有毒物质经草木灰或碱水浸泡即可除掉。除了直接食用外，蘑菇体内所含的一些可食用成分，如毒蝇口蘑内增味成分的鲜度比味精（谷氨酸钠）高20倍。随着科学技术的发展，毒蘑菇在不久的将来可能变成珍贵的资源而被人类所利用。

多彩的蘑菇世界
东北亚地区原生态蘑菇图谱

[附录]

蘑菇标本的采集技巧与注意事项

对初学者来讲亲手采集蘑菇很重要，那么，到哪里去采集蘑菇？如何制作蘑菇标本？如何记录和鉴定蘑菇标本？如何拍摄蘑菇呢？

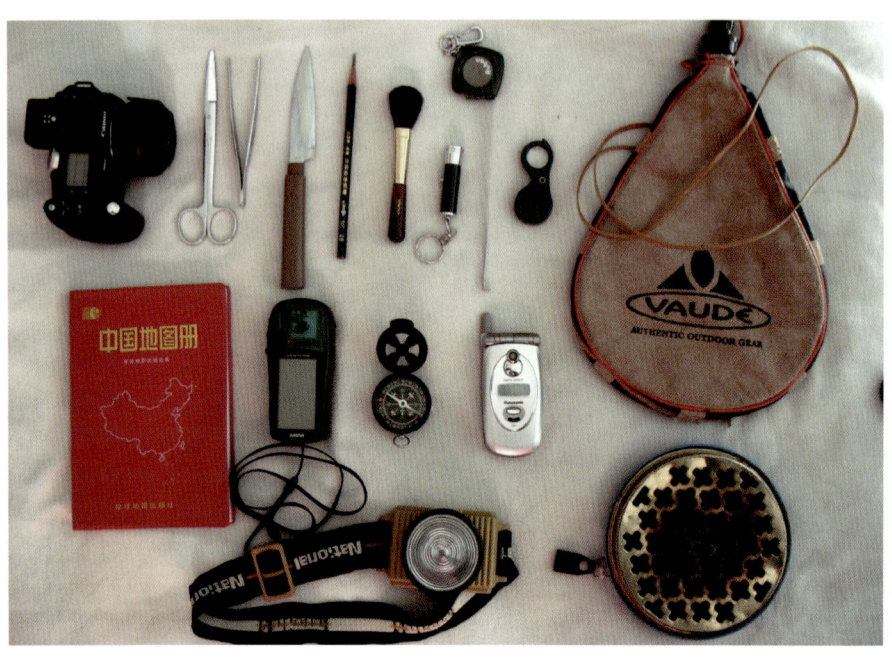

用具

平底背筐或手提筐	手机
纸（塑料）袋	饮水袋
报纸	烘干器
短刀	雨具
毛刷	地图
野外记录签	照相机
铅笔	手电筒
手持放大镜	熏蚊器
钢卷尺	海拔仪或GPS
温湿度计	

注意事项

- 确定采集目的。根据采集的种类选择相应的环境，如针叶林、阔叶林、草地、人工林等。
- 要掌握采集地的气象资料、植被条件及地形地貌和交通情况等。
- 做好采集前的准备。制订采集计划和采集线路，带好采集用具。
- 按照野外工作者的要求着装，带好必要的食品、药品及必要的自救工具。

采集活动最好安排在蘑菇发生量大的季节，要有严密的组织和行动计划。

野外工作安全很重要，着装要符合要求。

采蘑菇的好去处

草原上采蘑菇也许有意外的收获,如著名的蒙古口蘑就生长在内蒙古草原上。

白桦林:有肺形侧耳(桦树蘑)、趟子蘑等,但也有毒蝇鹅膏等毒蘑菇。

落叶松针叶林:有柠檬蜡伞等美味食用菌分布。

云杉林里有很多菌根菌生长,如蓝丝膜菌等,为优质食用菌。

采集地的选择除了林相以外,水文条件也很重要,河流周边植被茂密蘑菇多。

人工松林往往采集安全系数高，乳牛肝菌、铆钉菇等种类多见。

很多人认为蘑菇长在潮湿的环境，其实过湿的环境中蘑菇是很少的。

庭院小路上也可能伸手采到蘑菇，如毛头鬼伞、田头菇等。

阔叶林风景美，蘑菇也不少。

森林和草地交界处兼得多种环境，因此蘑菇种类也丰富，如高大环柄菇、疣柄牛肝菌等多见于此处。

蘑菇标本的采集与制作

- 标本采集与制作工作流程：发现蘑菇—拍照—采集—野外记录—临时包装带回—整理归类—烘干或固定液浸泡—鉴定—入库保存。
- 要注意标本的完整性。采集标本时，尽量保留菌环和菌托等容易脱落的部位，保持其完整性。
- 要注意标本的代表性。采集时尽量采到菌蕾、未开伞的幼体和已开伞的成熟体。这样无论是认识该物种还是日后鉴定标本都有重要的借鉴作用。
- 要注意不同的类群不同对待。最好是将采集得到的标本大致按照蘑菇的质地归类，如胶质的、木栓质的、肉质的，以免互相挤压损坏。
- 标本要及时整理。把采来的标本及时干制或浸制，并且保存要得当，防腐、防虫。

野外采集最好用专用塑料盒子

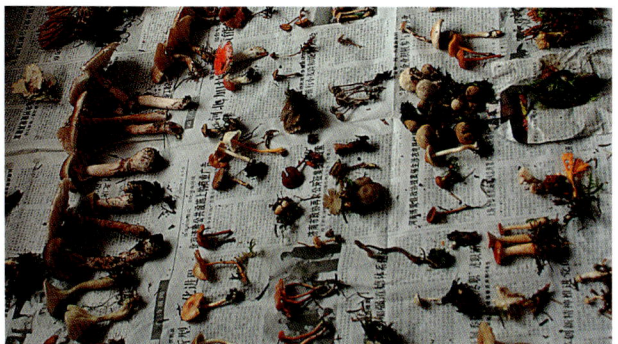
采集后对标本进行初步整理归类

怎样拍摄漂亮的蘑菇照片

拍摄蘑菇和拍摄人、拍摄风景不一样，蘑菇的个体比较小，又经常在光线不足的环境中生活，因此拍摄蘑菇对拍摄者和照相机性能有更高的要求。这里只将作者的体会简单介绍给读者，如你能按照下面的要求去拍摄蘑菇，相信你也会拍到漂亮的蘑菇照片。

必要的照相设备：

照相机、镜头（近距离、远距离）、三脚架、快门线。

拍照要领：

小光圈，三脚架，长时间曝光，关掉闪光灯。

原生态照片：

在原地把蘑菇正、侧、倒和菌柄基部（必要时蘑菇切面）排列整齐，要保证菌幕、菌环、菌托的完整性，尽可能保持其原生态拍摄。

必备的照相设备

标本的鉴定靠显微镜观察。

如何鉴定蘑菇

我们采集到蘑菇之后,首先想知道的就是这是什么蘑菇。但确定蘑菇的名称并非易事,一般人能叫出名字的蘑菇并不多,尤其是形形色色的野生蘑菇更难命名。要想知道蘑菇的名称首先需要观察,观察内容包括宏观特征和微观特征,前者是指肉眼能看到的特征,如菌盖、菌柄、菌褶、菌环、菌托的特征;后者是指只有在显微镜下才能够看到的特征,如子实层、孢子的特征。其次,要查阅文献,由于蘑菇的分布具有一定的地域性,因此所要查阅的文献最好是本地区的真菌志或者图鉴等。假如你所观察的特征正好符合文献中的某一种蘑菇,那么鉴定工作就达到目的,你就得到一个正确的蘑菇名称了。但是,此项工作需要专业训练,否则会出现"张冠李戴"现象,从而有可能导致误食中毒事件。因此,鉴定工作最好在专家指导下进行。

如何给蘑菇制作档案

把采集到的所有信息记录下来,就是给蘑菇做了一个"人事档案"。要预先把记录表印好,装订成册,采集时携带。采集时就标本的特征及其他需记录事项,按记录表的项目,仔细填写。记录表中内容在短暂的采集过程中填写不完时可在整理标本时补充。

记录表样稿

菇名	中文名		俗名	
	学名			
产地	省(区) 县			海拔 m
生境	冻原、针叶林、阔叶林、混交林、灌丛、草地、草原		基物:地上、腐木、立木、粪上、虫体	
生态	单生 散生 群生 丛生 簇生 叠生			
菌盖	大小(cm)	颜色		黏不黏
	形状:钟形、斗笠形、半球形、漏斗形、平展		边缘有条纹、无条纹	
	块鳞、角鳞、丛毛鳞片、纤毛、疣、丝光、龟裂			
菌肉	色 香 味		变色反应	
菌褶	宽(mm)	色	密 中 稀	
	等长 不等长 分叉 网状 横脉			
菌管	管口(mm)		圆形 多角形	
	管面颜色 管里颜色			
菌环	上、中、下、膜质、丝膜、脱落、不易脱落、活动			
菌柄	长×粗(cm) 颜色			
	形状			
菌托	颜色 形状			
	附属物		消失 不易消失	
孢子印	白色 粉红色 锈色 褐色 青褐色 紫褐色 黑色			
附记				

[参考文献]

邓叔群. 中国的真菌. 北京：科学出版社，1963.

戴芳澜. 中国真菌总汇. 北京：科学出版社，1979.

魏景超. 真菌鉴定手册. 上海：上海科学技术出版社，1977.

刘波. 中国药用真菌. 太原：山西人民出版社，1984.

李茹光. 东北地区大型经济真菌. 长春：东北师范大学出版社，1998.

卯晓岚. 中国经济真菌. 北京：科学出版社，1998.

徐锦堂. 中国药用真菌学. 北京：中国协和医科大学联合出版社，1997.

李玉，图力古尔. 中国长白山蘑菇. 北京：科学出版社，2003.

戴玉成，图力古尔. 中国东北野生食药用真菌图志. 北京：科学出版社，2007.

图力古尔. 大青沟自然保护区菌物多样性. 呼和浩特：内蒙古教育出版社，2004.

图力古尔，李玉. 菌物与地球环境. 吉林农业大学学报，2000（农业生态专刊）：31-34.

图力古尔. 生物的"第三世界". 人与生物圈，2003（5）：52-57.

图力古尔. 探访毒蘑菇家族. 人与生物圈，2003，6：76-80.

包海鹰. 毒蘑菇化学成分与药理活性的研究. 呼和浩特：内蒙古教育出版社，2006.

根田仁. きのこ博士入門. 東京：全国農村教育協会，2006.

今關六也，大谷吉雄，本郷次雄. 日本のきのこ. 東京：山と溪穀社，1994.

今關六也，本郷次雄. 原色日本新菌類圖鑒（Ⅰ）東京：保育社，1995.

今關六也，本郷次雄. 原色日本新菌類圖鑒（Ⅱ）東京：保育社，1989.

本郷次雄，山溪フイルドブツクス(10)きのこ. 東京：山と溪穀社，1994.

Kirk PM, Cannon PF, Minter DW, Stalpers JA, Ainsworth & Bisby's dictionary of the fungi. 10th edition. Wallingford: CAB International, 2008.

Ainsworth Gc, Sparrow Fk, Sussman As,. The fungi (Vol. IV). New York: Academic Press, 1973.

Lincoff G H,. The Audobon Society Fieled Guide to North American Mushrooms, New York: Alfred A. Knopf, 1988.

Matrtin G W & C J Alexopoulos. The Myxomycetes. Iowa: University of Iowa Press,1969.

Bessette AE, Bessette AR, Fischer DW, Mushrooms of Northeastern North America. New York: Syracuse University Press, 1996.

Park WH, Lee HD, Illustrated book of Korean medicinal mushrooms. Seoul: Kyo-Hak Publishing Co., Ltd. 1999.

[分类系统]

本书共计大型真菌2门7纲22目（1个不确定目）76科（3个不确定科）225属，采用《Ainsworth & Bisby's Dictionary of the Fungi》（2008）的分类系统。

Ascomycota 子囊菌门
  Leotiomycetes 锤舌菌纲
    Helotiales 柔膜菌目
      Geoglossaceae 地舌菌科
        Trichoglossum 毛舌菌属
      Sclerotiniaceae 核盘菌科
        Dumontinia 核盘菌属
      Incertae sedis 科级分类地位不确定
        Ascocoryne 囊盘菌属
        Bisporella 小双孢盘菌属
        Chlorociboria 绿杯菌属
    Leotiales 锤舌菌目
      Bulgariaceae 胶陀螺科
        Bulgaria 胶陀螺属
      Leotiaceae 锤舌菌科
        Leotia 锤舌菌属
    Rhytismatales 斑痣盘菌目
      Cudoniaceae 地锤菌科
        Cudonia 地锤菌属
        Spathularia 地勺菌属
  Neolectomycetes 粒毛盘菌纲
    Neolectales 粒毛盘菌目
      Neolectaceae 粒毛盘菌科
        Neolecta 粒毛盘菌属
  Pezizomycetes 盘菌纲
    Pezizales 盘菌目
      Discinaceae 平盘菌科
        Gyromitra 鹿花菌属
        Hydnotrya 腔块菌属
      Helvellaceae 马鞍菌科
        Helvella 马鞍菌属
      Morchellaceae 羊肚菌科
        Morchella 羊肚菌属
        Verpa 钟菌属
      Pezizaceae 盘菌科
        Peziza 盘菌属
      Pyronemataceae 火丝盘菌科
        Aleuria 网孢盘菌属
        Geopora 地囊菌属
        Humaria 土盘菌属
        Otidea 侧盘菌属
        Scutellinia 盾盘菌属
      Rhizinaceae 根盘菌科
        Rhizina 根盘菌属
      Sarcoscyphaceae 肉杯菌科
        Microstoma 肉杯菌属
        Sarcoscypha 毛杯菌属
      Sarcosomataceae 肉盘菌科
        Galiella 盖盘菌属
        Urnula 杯盘菌属
  Sordariomycetes 粪壳菌纲
    Hypocreales 肉座菌目
      Cordycipitaceae 虫草科
        Cordyceps 虫草属
        Isaria 棒束孢属
      Ophiocordycipitaceae 线虫草科
        Elaphocordyceps 大团囊菌属
        Ophiocordyceps 线虫草属
      Hypocreaceae 肉座菌科
        Hypocreopsis 类肉座菌属
        Podostroma 肉棒菌属
    Xylariales 炭角菌目
      Xylariaceae 炭角菌科
        Daldinia 炭球菌属
        Entonaema 胶球菌属
        Xylaria 炭角菌属

Basidiomycota 担子菌门
  Agaricomycetes 伞菌纲
    Agaricales 伞菌目
      Agaricaceae 伞菌科
        Agaricus 蘑菇属
        Amylolepiota 囊环菇属
        Calvatia 秃马勃属
        Coprinus 鬼伞属
        Crucibulum 白蛋巢菌属
        Cyathus 黑蛋巢菌属
        Cystoderma 囊皮菌属
        Disciseda 脱盖马勃属
        Lepiota 环柄菇属
        Leucoagaricus 白环菇属
        Leucocoprinus 白鬼伞属
        Lycoperdon 马勃属
        Macrolepiota 大环柄菇属
        Nidula 红蛋巢菌属
        Scleroderma 硬皮马勃属
        Tulostoma 灰锤属
      Amanitaceae 鹅膏科
        Amanita 鹅膏属
      Bolbitiaceae 粪锈伞科
        Bolbitius 粪伞属
        Conocybe 锥盖伞属
      Clavariaceae 珊瑚菌科
        Clavaria 珊瑚菌属
      Cortinariaceae 丝膜菌科
        Cortinarius 丝膜菌属
        Descolea 罗鳞伞属
      Cyphellaceae 挂钟菌科
        Gloeostereum 榆耳属
      Entolomataceae 粉褶菌科
        Clitopilus 斜盖菇属
        Entoloma 粉褶菌属
      Hydnangiaceae 轴腹菌科
        Laccaria 蜡蘑属
      Hygrophoraceae 蜡伞科
        Ampulloclitocybe 瓶杯伞属
        Camarophyllus 拱顶伞属
        Chromosera 紫褶伞属
        Hygrocybe 湿伞属
        Hygrophorus 蜡伞属
      Inocybaceae 丝盖伞科

Crepidotus 靴耳属
　　Flammulaster 暗皮伞属
　　Inocybe 丝盖伞属
　　Pleuroflammula 侧火菇属
Lyophyllaceae 离褶伞科
　　Asterophora 蕈生菌属
　　Hypsizygus 玉蕈属
　　Lyophyllum 离褶伞属
　　Ossicaulis 木杯伞属
Marasmiaceae 小皮伞科
　　Baeospora 小孢菌属
　　Campanella 脉褶菌属
　　Crinipellis 毛皮伞属
　　Gymnopus 裸菇属
　　Lentinula 微香菇属
　　Macrocystidia 巨囊蘑属
　　Marasmius 小皮伞属
　　Megacollybia 大金钱菌属
　　Omphalotus 脐菇属
　　Pleurocybella 圆孢侧耳属
　　Rhodocollybia 粉金钱菌属
Mycenaceae 小菇科
　　Hemimycena 微菇属
　　Mycena 小菇属
　　Panellus 扇菇属
　　Xeromphalina 干脐菇属
Physalacriaceae 泡头菌科
　　Armillaria 蜜环菌属
　　Cyptotrama 鳞盖菇属
　　Flammulina 冬菇属
　　Oudemansiella 小奥德蘑属
　　Physalacria 泡头菌属
　　Rhodotus 玫耳属
Pleurotaceae 侧耳科
　　Hohenbuehelia 亚侧耳属
　　Pleurotus 侧耳属
Pluteaceae 光柄菇科

　　Pluteus 光柄菇属
　　Volvariella 草菇属
Psathyrellaceae 小脆柄菇科
　　Coprinellus 小鬼伞属
　　Coprinopsis 拟鬼伞属
　　Parasola 射纹鬼伞属
　　Psathyrella 小脆柄菇属
Pterulaceae 羽瑚菌科
　　Deflexula 龙爪菌属
　　Pterula 羽瑚菌属
Schizophyllaceae 裂褶菌科
　　Schizophyllum 裂褶菌属
Strophariaceae 球盖菇科
　　Agrocybe 田头菇属
　　Gymnopilus 裸伞属
　　Hebeloma 滑锈伞属
　　Hemistropharia 半球盖菇属
　　Hypholoma 垂幕菇属
　　Kuehneromyces 库恩菇属
　　Pholiota 鳞伞属
　　Stropharia 球盖菇属
Tricholomataceae 白蘑科
　　Callistosporium 色孢菌属
　　Cantharellula 小鸡油菌属
　　Clitocybe 杯伞属
　　Collybia 金钱菌属
　　Lepista 香蘑属
　　Leucopaxillus 白桩菇属
　　Leucocortinarius 白丝膜菌属
　　Melanoleuca 钴囊蘑属
　　Omphalina 脐菇属
　　Phyllotopsis 黄侧耳属
　　Pseudoclitocybe 假杯伞属
　　Resupinatus 小黑轮属
　　Squamanita 菌瘿伞属
　　Tricholomopsis 拟口蘑属
　　Tricholoma 口蘑属

Typhulaceae 蒲棒菌科
　　Macrotyphula 棒瑚菌属
　　Pistillaria 杵瑚菌属
　　Incertae sedis 科级分类地位不确定
　　Panaeolus 斑褶菇属
Auriculariales 木耳目
Auriculariaceae 木耳科
　　Auricularia 木耳属
　　Exidia 黑耳属
Incertae sedis 科级分类地位不确定
　　Guepinia 桂花耳属
　　Protodaedalea 原迷孔菌属
　　Pseudohydnum 假齿菌属
Boletales 牛肝菌目
Boletaceae 牛肝菌科
　　Boletus 牛肝菌属
　　Leccinum 疣柄牛肝菌属
　　Phylloporus 褶孔牛肝菌属
　　Strobilomyces 松塔牛肝菌属
　　Tylopilus 粉孢牛肝菌属
Calostomataceae 美口菌科
　　Calostoma 美口菌属
Diplocystidiaceae 异囊菌科
　　Astraeus 硬皮地星属
Gomphidiaceae 铆钉菇科
　　Chroogomphus 铆钉菇属
Cyroporaceae 圆孢牛肝菌科
　　Gyroporus 圆孢牛肝菌属
Hygrophoropsidaceae 拟蜡伞科
　　Hygrophoropsis 拟蜡伞属
Paxillaceae 网褶菌科
　　Paxillus 网褶菌属
Sclerodermataceae 硬皮马勃科
　　Pisolithus 豆马勃属
Suillaceae 乳牛肝菌科
　　Suillus 乳牛肝菌属
Tapinellaceae 小塔氏菌科

  Pseudomerulius 假皱孔菌属
  Tapinella 小塔氏菌属
 Cantharellales 鸡油菌目
  Cantharellaceae 鸡油菌科
   Cantharellus 鸡油菌属
   Craterellus 喇叭菌属
  Clavulinaceae 锁瑚菌科
   Clavulina 锁瑚菌属
   Multiclavula 多枝珊瑚菌属
  Hydnaceae 齿菌科
   Hydnum 齿菌属
 Corticiales 伏革菌目
  Bankeraceae 烟白齿菌科
   Bankera 烟白齿菌属
  Corticiaceae 伏革菌科
   Cytidia 脉革菌属
 Geastrales 地星目
  Geastraceae 地星科
   Geastrum 地星属
   Sphaerobolus 弹球菌属
 Gloeophyllales 黏褶菌目
  Gloeophyllaceae 黏褶菌科
   Gloeophyllum 黏褶菌属
 Gomphales 钉菇目
  Clavariadelphaceae 棒瑚菌科
   Clavariadelphus 棒瑚菌属
  Gomphaceae 钉菇科
   Gautieria 高腹菌属
   Gomphus 陀螺菌属
   Ramaria 枝瑚菌属
 Hymenochaetales 锈革孔菌目
  Hymenochaetaceae 锈革孔菌科
   Coltricia 集毛菌属
   Cycloporus 环褶菌属
   Inonotus 纤孔菌属
   Onnia 昂氏孔菌属
   Phellinus 木层孔菌属
 Phallales 鬼笔目
  Phallaceae 鬼笔科

   Clathrus 笼头菌属
   Dictyophora 竹荪属
   Ileodictyon 白笼头菌属
   Kobayasia 小林腹菌属
   Lysurus 散尾菌属
   Mutinus 蛇头菌属
   Phallus 鬼笔属
 Polyporales 多孔菌目
  Fomitopsidaceae 拟层孔菌科
   Fomitopsis 拟层孔菌属
   Ischnoderma 皱皮孔菌属
   Laetiporus 炫孔菌属
   Osteina 骨质多孔菌属
   Parmastomyces 帕氏孔菌属
   Phaeolus 暗孔菌属
   Piptoporus 剥管孔菌属
   Postia 波斯特孔菌属
  Ganodermataceae 灵芝科
   Ganoderma 灵芝属
  Meruliaceae 皱孔菌科
   Bjerkandera 管孔菌属
   Mycoleptodonoides 类小齿菌属
   Phlebia 脉射菌属
   Sarcodontia 小肉齿菌属
  Phanerochaetaceae 原毛平革菌科
   Climacodon 肉齿菌属
   Terana 蓝伏革菌属
  Polyporaceae 多孔菌科
   Cerrena 齿毛菌属
   Daedalea 迷孔菌属
   Daedaleopsis 拟迷孔菌属
   Favolus 棱孔菌属
   Fomes 层孔菌属
   Hapalopilus 彩孔菌属
   Lentinus 香菇属
   Lenzites 褶孔菌属
   Neolentinus 新香菇属
   Panus 革耳属
   Polyporus 多孔菌属

   Poronidulus 巢孔菌属
   Pycnoporus 密孔菌属
   Royoporus 微孔菌属
   Trametes 栓孔菌属
   Trichaptum 附毛菌属
  Sparassidaceae 绣球菌科
   Sparassis 绣球菌属
 Russulales 红菇目
  Auriscalpiaceae 耳匙菌科
   Artomyces 密瑚菌属
   Auriscalpium 耳匙菌属
   Lentinellus 小香菇属
  Bondarzewiaceae 刺孢多孔菌科
   Heterobasidion 异担子菌属
  Hericiaceae 猴头菌科
   Hericium 猴头菌属
  Russulaceae 红菇科
   Lactarius 乳菇属
   Russula 红菇属
  Stereaceae 革盖菌科
   Stereum 韧革菌属
   Xylobolus 刷革菌属
 Thelephorales 革菌目
  Thelephoraceae 革菌科
   Thelephora 革菌属
 Incertae sedis 目级分类地位不确定
   Loreleia 罗勒菇属
   Oxyporus 锐孔菌属
   Rickenella 腓小菇属
Dacrymycetes 花耳纲
 Dacrymycetales 花耳目
  Dacrymycetaceae 花耳科
   Calocera 胶角耳属
   Dacrymyces 花耳属
   Dacryopinax 桂花耳属
Tremellomycetes 银耳纲
 Tremellales 银耳目
  Tremellaceae 银耳科
   Tremella 银耳属

[中文索引]

二画
二色囊孔菌	66

三画
三色拟迷孔菌	54
土味丝盖伞	106
土味丝盖伞紫色变种	106
大孔菌	55
大白菇	135
大团囊虫草	36
大秃马勃	147
大孢虫花	38
大孢花褶伞	202
大孢黏滑菇	101
大毒黏滑菇	102
大盖皮伞	100
大幕侧耳	121
小牛肝菌	142
小皮伞	115
小红毛杯菌	44
小红湿伞	103
小鸡油菌	75
小孢菌	167
小林腹菌	151
小毒红菇	135
小菇伞菌霉	173
小黑轮	132
干酪菌	59
广叶绣球菌	65 190
马勃状硬皮马勃	154
马鞍菌	37

四画
中国锐孔菌	59
五棱散尾菌	151
双孢蘑菇	193
孔膜菌	159
巴氏蘑菇	192
无节微皮伞	115
日本地锤	35
日本脐菇	120 162 200
木生杯伞	120
木生淀粉质环柄菇	84
木蹄层孔菌	54
毛木耳	47 185
毛仙多孔菌	63
毛头乳菇	107
毛头鬼伞	88 168 192 200
毛皮伞	97
毛舌菌	45
毛韧革菌	64
毛咀地星	150
毛柄小塔式菌	139
毛盖脆柄菇	126
毛黑轮	132
水粉杯伞	171
火木层孔菌	179
瓦尼木层孔菌	157
贝壳状小香菇	109
长裙竹荪	194

五画
丝光钹孔菌	53
兄弟牛肝菌	141
冬虫夏草	178
加拿大虫草	34
北方小香菇	110
半球丝膜菌	98
半球盾盘菌	39
半球盖菇	165
头状马勃	146
头状虫草	34
巨大革耳	122
巨囊菌	118
玉米黑粉菌	171
田头菇	78
白毛肉杯菌	39
白齿耳菌	68
白绒鬼伞	96 165
白脉褶菌	86
白鬼笔	153
白桩菇	114
白耙齿菌	182
白假鬼伞	94~95 163
白笼头菌	151
白蛋巢菌	147
白鹅膏	199
白褐半球盖菇	101
白霜杯伞	88
白鳞马勃	151
白鳞伞	130
发网菌	157

六画
亚毛韧革菌	65
光果菌	156
光帽鳞伞	192
印度块菌	184
地衣状类肉座菌	38
地盘菌	37
地鳞伞	127
多汁乳菇	108
多型炭棒	46
多孔菌	63
多脂鳞伞	125 188
安络小皮伞	164 182
尖顶地星	150
尖顶羊肚菌	39
尖鳞伞	123
尖鳞环柄菇	112
异担子菌	57 163
早生脆柄菇	131
朱红脉革菌	74
朱红栓菌	62
杂色云芝	66 182
汤姆斯光柄菇	130
灰白环柄菇	113
灰光柄菇	131
灰环黏盖牛肝菌	143
灰树花	194
灰鬼伞	96
灰假杯伞	122
灰盖小菇	118
灰喇叭菌	76

灰鹅膏	83	条纹裸伞	99	金耳	183
灰褐丝膜菌	96	条柄蜡蘑	108	冬菇	99 162 183
竹黄	180	杨树口蘑	193	金顶侧耳	130 188 204
红毛盘菌	44	杨锐孔菌	59	金粒囊皮伞	97
红白毛杯菌	45	纯黄白鬼伞	166	金黄拟蜡伞	102
红皮美口菌	146	芥黄鹅膏菌	83	金黄金钱菌	100
红肉蘑菇	77	豆包菌	153	金黄湿伞	103
红拟口蘑	139	辛克莱棒束孢	38	金黄鳞盖菇	87
红顶枝瑚菌	73	阿氏尾花菌	146	金褐光柄菇	122
红柄香菇	111	鸡油菌	75 187	侧耳	124 192
红鬼笔	153	龟背刷革菌	66	侧壁泡头菌	123
红彩孔菌	57	乳酪金钱菌	136	具核黑耳	48
红盖小菇	118	灵芝	56 179	青绿湿伞	105
红盖白环菇	109	**八画**		冠状环柄菇	113
红笼头菌	147	刺毛暗皮伞	99	冠锁瑚菌	69
红菇蜡伞	105	刺猬菌	67	变色红菇	134
红蛋巢菌	152	单色云芝	53	变黑湿伞	101
红黄鹅膏	80~81	卷边桩菇	124	**九画**	
红斑黄菇	133	居室盘菌	43	复囊钙皮菌	159
红缘层孔菌	55 163	昂尼孔菌	59	扁灵芝	55 182
华蜂巢菌	158	杯伞	92	显鳞鹅膏	79
角凸小菇	162	杯冠瑚菌	69	柔毛昂尼孔菌	59
纤孔菌	58	杵棒菌	72	柠檬蜡伞	189
纤弱小菇	115	松杉暗孔菌	62	柱状田头菇	78
网纹马勃	152	松杉灵芝	179	栎金钱菌	100
网孢盘菌	33	松茸	184	毒红菇	133
网顶光柄菇	122	松塔牛肝菌	144	毒鹅膏	82 199
羊肚菌	195 204	林地蘑菇	78	毒蝇鹅膏	82 198
耳状桩菇	131	枝生微皮伞	100	毒蝇鹅膏黄色变种	82
耳匙菌	67 167	沼泽红菇	134	毡盖木耳	47
肉色迷孔菌	54	泡质盘菌	43	洁小菇	119
肉色香蘑	112	波状根盘菌	44 166	洁丽香菇	119
肉棒菌	43	浅杯状香菇	109	炭球菌	36 159
舟湿伞	103	玫瑰红菇	134	炭角菌	46
虫形珊瑚菌	69	环锥盖伞	90	点柄乳牛肝菌	143 189
血红小菇	115 173	环褶菌	53	狮黄光柄菇	127
血红菇	136	细鳞鹅膏菌	83	珊瑚状猴头	67
七画		罗勒亚脐菇	114	疣柄铦囊蘑	114
库克金钱菌	92	肺形侧耳	126 162	砖红韧伞	102
库恩菇	107 163	肾形亚侧耳	101	绒毛铆钉菇	91
忍冬层孔菌	64	虎掌菌	48	绒黏盖牛肝菌	145
杏鲍菇	193	金毛鳞伞	126 162	美味牛肝菌	141 190

美味齿菌	68	粉瘤菌	159	绿菇	134
美味扇菇（亚侧耳）	121　195	胶陀螺	33　203	脱皮黄菇	135
总状炭角菌	46	胶皱孔菌	76	脱盖灰包	149
脉褶菌	86	胶球菌	36	蛇头菌	152
茯苓	181	脐形小鸡油菌	86　168	袋状地星	150
茶耳	49	脐突菌瘿伞	137	象牙湿伞	106
茶褐黄菇	135	脑状腔地菇	38	野蘑菇	77
草地拱顶伞	85	臭黄菇	133	铜绿红菇	136
草菇	194	荷叶离褶伞	114　186	铜绿球盖菇	137
药用拟层孔菌	181	豹斑鹅膏菌	83　199	银丝包脚菇	140
钟形斑褶菇	121	高大环柄菇	115	银耳	49　157　185
钟菌	46	**十一画**		银莲花核盘菌	172
钟形亚脐菇	166	圈托鹅膏	79	隆纹黑蛋巢菌	149
钩刺马勃	151	基盘小菇	118	雪白环柄菇	111
革耳	111	密枝瑚菌	73	鹿花菌	37　203
革耳状小塔式菌	139	巢孔栓菌	64	鹿角菌	47　169
须瑚菌	70~71	弹球菌	154	麻脸蘑菇	78
香乳菇	109	悬垂箭皮菌	158	黄干脐菇	140　163
香菇	113　191	斜盖粉褶菌	132	黄毛侧耳	128~129
十画		斜盖菇	93	黄白香蘑	111
圆孢侧耳	130	淡黄拟口蘑	137	黄地勺菌	45
圆锥钟菌	45	淡紫小孢菌	85	黄侧火菇	131
宽褶菇	119	淡紫珊瑚菌	69	黄枝瑚菌	73
宽鳞大孔菌	62	淡紫铆钉菇	87　191　205	黄环罗鳞伞	99
射纹鬼伞	123	淡蓝肉齿菌	67	黄柄小菇	116~117
桂花耳	47　157	淡玫红鹅膏	199	黄鬼笔	153
桃红侧耳	131	猪苓	181	黄基粉孢牛肝菌	145
桤生鳞伞	125	球基白丝膜菌	112	黄盖脆柄菇	123
桦滴孔菌	63	球基蘑菇	77	黄盖囊皮伞	97
桦褐孔菌	180	盖氏盘菌	36	黄绿杯伞	87
桦褶孔菌	58	粒鳞环柄菇	98	黄菇	136
海绵皮孔菌	65	粗毛纤孔菌	57	黄裙竹荪	148
海绵羊肚菌	42	粗毛原迷孔菌	49	黄褐口蘑	139
烟管菌	53	粗毛栓菌	66　168	黄褐色孢菌	87
烧地鳞伞	125	粗柄粉褶菌	132	黄褐鳞伞	124
皱木耳	48	粗腿羊肚菌	42	黄鳞伞	121
皱皮菌	58	粗糙拟迷孔菌	54	喇叭菌	76
皱盖丝膜菌	97	粗糙假脐菇	139	**十二画**	
皱盖钟菌	46	梨形马勃	152　159　163	奥氏蜜环菌	163　186
钹孔菌	53	堆金钱菌	171	帽状光柄菇	130
粉红蜡伞	105	绿杯菌	34	掌状玫耳	132
粉肉拟层孔菌	55	绿粉菌	173	掌状革菌	74

斑玉蕈	104	黑柄微孔菌	64	褐褶孔菌	57
晶粒小鬼伞	98 200	黑柄小皮伞	164	褐褶边奥德蘑	120
晶盖粉褶菌	98	黑褐乳菇	108	**十五画**	
棒柄杯伞	84	**十三画**		墨汁鬼伞	97 200
棒瑚菌	69	新苦粉孢牛肝菌	145	橄榄褶乳菇	108
棕灰口蘑	137	榆干离褶伞	103	潮湿乳菇	108
棱柄白马鞍菌	37 203	榆耳	76 187	蕈生菌	85 173
湿黏田头菇	79	煤绒菌	157	赭盖鹅膏	82
焰耳	48	畸果无丝盘菌	42	赭褐亚脐菇	121
猴头菌	68 183	矮小包脚菇	140	蝽象虫草	35
短柄铦囊蘑	119	蒙古口蘑	193	**十六画**	
短裙竹荪	150	蓖齿地星	150	橘红光柄菇	123
短黑耳	47	蓝丝膜菌	89	橘黄裸伞	99 201
硫磺菌	58 163 190 204	蓝白丝膜菌	93	橙色双孢菌	33 160
硬皮地星	146	蓝伏革菌	74	橙黄疣柄牛肝菌	142 205
硬柄小皮伞	115 165	蓝灰干酪菌	63	橙黄银耳	50~51
稀褶黑菇	136	蛹虫草	35 178	橙黄硬皮马勃	154
粪生黑蛋巢菌	149	蜂斗叶杵瑚菌	73 164	橙黄鹅膏	79
粪生裸盖菇	165 201	蜂头虫草	42	橙黄蘑菇	77
粪伞	85	蜂窝状鹅绒菌	158	膨柄地锤	35
紫丁香枝瑚菌	72	辐毛鬼伞	86	褶孔牛肝菌	143
紫丁香蘑	113 187	锤舌菌	39	**十七画**	
紫丝膜菌	91	锥鳞白鹅膏	84	簇生尖瑚菌	72
紫红蘑菇	78	**十四画**		簇生沿丝伞	105 169 201
紫色囊盘菌	33	漏斗大孔菌	54	黏革耳	122
紫杉帕氏孔菌	60~61	管状鹅绒菌	158	黏盖乳牛肝菌	144
紫革耳	124	聚生盘菌	40~41	黏小奥德蘑	120
紫晶蜡蘑	107 167	蜜环丝膜菌	96	黏环鳞伞	127
紫褐牛肝菌	141	蜜环菌	84 172 186 204	黏盖丝膜菌	86
紫褶亚脐菇	91	蜡壳耳	159	黏盖包脚菇	140
翅鳞伞	126	褐云鹅膏	82	黏盖鳞伞	125
腓骨小菇	133 168	褐毛靴耳	89	黏靴耳	93
裂丝盖伞	106 202	褐侧盘菌	43	**十九画**	
裂皮白环菇	114	褐柄干脐菇	140	蘑菇	77
裂皮疣柄牛肝菌	142	褐柄灰锤	154	**二十画**	
裂褶菌	137 191	褐疣柄牛肝菌	142	鳞皮扇菇	202
雅致厚环乳牛肝菌	144	褐圆孢牛肝菌	143	鳞皮假脐菇	138
黑木耳	185	褐雪耳	49	鳞柄白毒鹅膏菌	84 199
黑耳	48	褐鹿花菌	37	鳞盖杯伞	91
黑杯盘菌	45	褐斑金钱菌	133		

[拉丁学名索引]

A

Agaricus abruptibulbus Peck	77
Agaricus arvensis Schaeff.	77
Agaricus bisporus (J.E. Lange) Imbach	193
Agaricus blazei Murrill	192
Agaricus campestris L.	77
Agaricus perratus Schulzer	77
Agaricus silvaticus Schaeff.	77
Agaricus silvicola (Vittad.) Peck	78
Agaricus subrutilescens (Kauffman) Hotson & D.E. Stuntz	78
Agaricus urinascens (Jul. Schäff. & F.H. Møller) Singer	78
Agrocybe cylindracea (DC.) Maire	78
Agrocybe erebia (Fr.) Kühner ex Singer	79
Agrocybe praecox (DC.) Maire	78
Aleuria aurantia (Pers.) Fuckel	33
Amanita ceciliae (Berk. & Broome) Bas	79
Amanita citrina Pers.	79
Amanita clarisquamosa (S. Imai) S. Imai	79
Amanita hemibapha (Berk. & Broome) Sacc.	80～81
Amanita muscaria (L.) Lam.	82 198
Amanita muscaria var. *formosa* (Pers.) Bertill.	82
Amanita pallidorosea P.Zhang et Zhu L. Yang	199
Amanita pantherina (DC.) Krombh.	83 199
Amanita phalloides (Vaill. ex Fr.) Link	82 199
Amanita porphyria Alb. & Schwein.	82
Amanita punctata (Cleland & Cheel) D.A. Reid	83
Amanita rubescens Pers.	82
Amanita subjunguilea Imai	83
Amanita vaginata (Bull.) Lam.	83
Amanita verna (Bull.) Lam.	199
Amanita virgineoides Bas	84
Amanita virosa (Fr.) Bertill.	84 199
Ampulloclitocybe clavipes (Pers.) Redhead, Lutzoni, Moncalvo & Vilgalys	84
Amylolepiota lignicola (P. Karst.) Harmaja	84
Armillaria mellea (Vahl) P. Kumm.	84 172 186 204
Armillaria ostoyae (Romagn.) Herink	163 186
Artomyces pyxidatus (Pers.) Jülich	69
Ascocoryne cylichnium (Tul.) Korf	33
Asterophora lycoperdoides (Bull.) Ditmar	85 173
Astraeus hygrometricus (Pers.) Morgan	146
Auricularia auricula-judae (Bull.) Quél.	185
Auricularia mesenterica (Dicks.) Pers.	47
Auricularia polytricha (Mont.) Sacc.	47 185
Auriscalpium vulgare Gray	67 167
Auriularia delicata (Mont.) Henn.	48

B

Baeospora myosura (Fr.) Singer	167
Baeospora myriadophylla (Peck) Singer	85
Bankera violascens (Alb. & Schwein.) Pouzar	67
Bisporella citrina (Batsch) Korf & S.E. Carp.	33 160
Bjerkandera adusta (Willd.) P. Karst.	53
Bolbitius titubans (Bull.) Fr.	85
Boletus edulis Bull.	141 190
Boletus fraternus Peck	141
Boletus paluster Peck	142
Boletus violaceofuscus W.F. Chiu	141
Bulgaria inquinans (Pers.) Fr.	33 203

C

Callistosporium luteo-olivaceum (Berk. & M.A. Curtis) Singer	87
Calocera viscosa (Pers.) Fr.	47 169
Calostoma cinnabarinum Corda	146
Calvatia craniiformis (Schwein.) Fr.	146
Calvatia gigantea (Batsch) Lloyd	147
Camarophyllus pratensis (Fr.) P. Kumm.	85
Campanella tristis (G. Stev.) Segedin	86
Campenella junghuhnii (Mont.) Singer	86
Cantharellula umbonata (J.F. Gmel.) Singer	86 168
Cantharellus cibarius Fr.	75 187
Cantharellus minor Peck	75
Ceratiomyxa fruticulosa var. *descendens* Emoto	158

Ceratiomyxa porioides (Alb. & Schwein.) J. Schröt.	158
Cerrena unicolor (Bull.) Murrill	53
Chlorociboria aeruginascens (Nyl.) Kanouse	34
Chromosera cyanophylla (Fr.)Redhead	91
Chroogomphus purpurascens (Lj.N. Vassiljeva) M.M. Nazarova	87 191 205
Chroogomphus tomentosus (Murrill) O.K. Mill.	91
Clathrus archeri (Berk.) Dring	146
Clathrus ruber f. *kusanoi* Kobayasi	147
Clavaria vermicularis Batsch.	69
Clavaria zollingeri Lév.	69
Clavariadelphus ligula (Schaeff.) Donk	69
Clavulina coralloides (L.) J. Schröt.	69
Climacodon septentrionalis (Fr.) P. Karst.	67
Clitocybe dealbata (Sowerby) Gillet	88
Clitocybe gibba (Pers.) P. Kumm.	92
Clitocybe nebularis (Batsch) P. Kumm.	171
Clitocybe odora (Bull.) P. Kumm.	87
Clitocybe squamulosa (Pers.)Fr.	91
Clitopilus prunulus (Scop.) P. Kumm.	93
Collybia cookei (Bres.) J.D. Arnold	92
Coltricia cinnamomea (Jacq.) Murrill	53
Coltricia perennis (L.) Murrill	53
Conocybe arrhenii (Fr.) Kits van Wav.	90
Coprinellus disseminatus (Pers.) J.E. Lange	94~95 163
Coprinellus micaceus (Bull.) Vilgalys, Hopple & Jacq. Johnson	98 200
Coprinellus radians (Desm.) Vilgalys, Hopple & Jacq. Johnson	86
Coprinopsis atramentaria (Bull.) Redhead, Vilgalys & Moncalvo	97 200
Coprinopsis cinerea (Schaeff.) Redhead, Vilgalys & Moncalvo	96
Coprinopsis lagopus (Fr.) Redhead	96 165
Coprinus comatus (O.F. Müll.) Pers.	88 168 192 200
Cordyceps canadensis Ellis & Everh.	34
Cordyceps capitata (Holmsk.) Link	34
Cordyceps militaris (L.) Link	35 178
Cordyceps nutans Pat.	35
Cortinarius alboviolaceus (Pers.) Fr.	93
Cortinarius armillatus (Fr.) Fr.	96
Cortinarius caperatus (Pers.) Fr.	97
Cortinarius livido-ochraceus (Berk.) Berk.	86
Cortinarius paleaceus (Weinm.) Fr.	96
Cortinarius purpurascens Fr.	91
Cortinarius semisanguineus (Fr.) Gillet	98
Cortinarius violaceus (L.) Gray	89
Craterellus cornucopioides (L.) Pers.	76
Crepidotus badiofloccosus S. Imai	89
Crepidotus mollis (Schaeff.) Staude	93
Crinipellis scabella (Alb. & Schwein.) Murrill	97
Crucibulum laeve (Huds.) Kambly	147
Cudonia circinans (Pers.) Fr.	35
Cudonia japonica Yasuda	35
Cyathus stercoreus (Schwein.) De Toni	149
Cyathus striatus (Huds.) Willd.	149
Cycloporus greenei (Berk.) Murr.	53
Cyptotrama asprata (Berk.) Redhead & Ginns	87
Cystoderma amianthinum (Scop.) Fayod	97
Cystoderma fallax A.H. Sm. & Singer	97
Cystolepiota pseudogranulosa (Berk. & Broome) Pegler	98
Cytidia salicina (Fr.) Burt	74

D

Dacryopinax spathularia (Schwein.) G.W. Martin	47 157
Daedalea dickinsii Yasuda	54
Daedaleopsis confragosa (Bolton) J. Schröt.	54
Daedaleopsis tricolor (Bull.) Bondartsev & Singer	54
Daldinia concentrica (Bolton) Ces. & De Not.	36 159
Deflexula fascicularis (Bres. & Pat.) Corner	72
Descolea flavoannulata (L. Vassilieva) Horak	99
Dictyophora duplicata (Bosc.) E. Fischer.	150
Dictyophora multicolor Berk.	148
Disciseda cervina (Berk.) Hollós	149
Dumontinia tuberosa (Bull.) L.M. Kohn	172

E

Elaphocordyceps ophioglossoides
 (Ehrh.) G.H. Sung, J.M. Sung & Spatafora 36
Entonaema splendens (Berk. & M.A. Curtis) Lloyd 36
Entoloma abortivum (Berk. & M. A. Curtis) Donk 173
Entoloma clypeatum (L.) P. Kumm 98
Exidia glandulosa (Bull.) Fr. 48
Exidia nucleata (Schwein.) Burt 48
Exidia recisa (Ditmar) Fr. 47

F

Favolus alveolaris (Bosc) Quél. 55
Favolus arcularius (Batsch) Fr. 54
Flammulaster erinaceellus (Peck) Watling 99
Flammulina velutipes (Curtis) Singer 99 162 183
Fomes fomentarius (L.) J. Kickx f. 54
Fomitopsis officinalis (Vill.) Kotl. & Pouzar 181
Fomitopsis pinicola (Sw.) P. Karst. 55 163
Fomitopsis rosea (Alb. & Schwein.) P. Karst. 55
Fuligo septica var. *flava* (Pers.) Morgan 157

G

Galiella amurensis (Lj.N. Vassiljeva) Raitv. 36
Ganoderma applanatum (Pers.) Pat. 55 182
Ganoderma ludidum (Curtis) P. Karst. 56 179
Ganoderma tsugae Murrill. 179
Geastrum fimbriatum Fr. 150
Geastrum pectinatum Pers. 150
Geastrum saccatum Fr. 150
Geastrum triplex Jungh. 150
Geopora tenuis (Fuckel) T. Schumach. 37
Gloeophyllum sepiarium (Wulfen) P. Karst. 57
Gloeostereum incarnatum S.Ito & S.Imai. 76 187
Gomphus floccosus (Schwein.) Singer 76
Grifola frondosa (Dicks.) Gray 194
Guepinia helvelloides (DC.) Fr. 48
Gymnopilus liquiritiae (Pers.) P. Karst. 99
Gymnopilus spectabilis (Fr.) Sing. 99 201
Gymnopus acervatus (Fr.) Murrill. 171
Gymnopus aquosus (Bull.) Antonín & Noordel. 100
Gymnopus dryophilus (Bull.) Murrill 100
Gymnopus peronatus (Bolton) Antonín,
 Halling & Noordel. 100
Gyromitra esculenta (Pers.) Fr. 37 203
Gyromitra infula (Schaeff.) Quél. 37
Gyroporus castaneus (Bull.) Quél. 143

H

Hapalopilus rutilans (Pers.) P. Karst. 57
Hebeloma crustuliniforme (Bull.) Quél. 102
Hebeloma sacchariolens Quél. 101
Helvella crispa (Scop.) Fr. 37 203
Helvella elastica (Scop.) Fr. 37
Hemimycena candida (Bres.) Singer 100
Hemistropharia albocrenulata
 (Peck) Jacobsson & E. Larss. 101
Hericium coralloides (Scop.) Pers. 67
Hericium erinaceus (Bull.) Pers. 68 183
Heterobasidion insulare (Murrill) Ryvarden 57 163
Hohenbuehelia reniformis (G. Mey.) Singer 101
Humaria hemisphaerica (F.H. Wigg.) Fuckel 39
Hydnotrya cerebriformis (Tul. & C. Tul.) Harkn. 38
Hydnum repandum L. 68
Hygrocybe cantharellus (Schwein.) Murrill 103
Hygrocybe chlorophana (Fr.) Wünsche 103
Hygrocybe conica (Schaeff.) P. Kumm. 101
Hygrocybe miniata (Fr.) P. Kumm. 103
Hygrocybe psittacina (Schaeff.) P. Kumm. 105
Hygrocybe virginea (Wulfen) P.D. Orton & Watling 106
Hygrophoropsis aurantiaca (Wulfen) Maire 102
Hygrophorus lucorum Kalchbr. 189
Hygrophorus pudorinus (Fr.) Fr. 105
Hygrophorus russula (Schaeff.) Kauffman 105
Hypholoma fasciculare (Huds.) P. Kumm. 105 169 201
Hypholoma lateritium (Schaeff.) P. Kumm. 102
Hypocreopsis lichenoides (Tode) Seaver 38
Hypomyces viridis (Alb. & Schwein.) P. Karst. 173

Hypsizygus marmoreus (Peck) H. E. Bigelow	104	*Lenzites betulinus* (L.) Fr.	58
Hypsizygus ulmarius (Bull.) Redhead	103	*Leocarpus fragilis* (j. Dick.)Rostaf	156
I		*Leotia lubrica* (Scop.) Pers.	39
Ileodictyon gracile Berk.	151	*Lepiota acutesquamosa* (Weinm.) P. Kumm.	112
Inocybe geophylla (Fr.) P. Kumm.	106	*Lepiota cristata* (Bolton) P. Kumm.	113
Inocybe geophylla var. *lilacina* Gillet	106	*Lepiota erminea* (Fr.) Gillet	111
Inocybe rimosa (Bull.) P. Kumm.	106 202	*Lepista flaccida* (Sowerby) Pat.	111
Inonotus hispidus (Bull.) P. Karst.	57	*Lepista irina* (Fr.) H.E. Bigelow	112
Inonotus levis P. Karst.	58	*Lepista nuda* (Bull.) Cooke	113 187
Inonotus obliquus (Ach.ex Pers.)Pilát	180	*Leucoagaricus rubrotinctus* (Peck) Singer	109
Irpex lacteus (Fr.)Fr.	182	*Leucocoprinus birnbaumii* (Corda) Singer	166
Isaria japonica Yasuda	38	*Leucocoprinus cygneus* (J.E. Lange) Bon	113
Isaria sinclairii (Berk.) Lioyd	38	*Leucocortinarius bulbiger* (Alb.& Schwein.) Singer	112
Ischnoderma resinosum (Schrad.) P. Karst.	58	*Leucopaxillus giganteus* (Sowerby) Singer	114
K		*Loreleia postii* (Fr.)Redhead	114
Kobayasia nipponica (Kobayasi) S. Imai & A. Kawam.	151	*Lycogala epidendrum* (J.C. Buxb. ex L.)Fr.	159
Kuehneromyces mutabilis (Schaeff.) Singer & A.H. Sm.	107 163	*Lycoperdon echinatum* Pers.	151
		Lycoperdon mammaeforme Pers.	151
L		*Lycoperdon perlatum* Pers.	152
Laccaria amethystea (Bull.) Murrill	107 167	*Lycoperdon pyriforme* Schaeff.	152 163
Laccaria proxima (Boud.) Pat.	108	*Lyophyllum decastes* (Fr.) Singer	114 186
Lactarius camphoratus (Bull.) Fr.	109	*Lysurus mokusin* (L.) Fr.	151
Lactarius lignyotus Fr.	108	**M**	
Lactarius necator (Bull.) Pers.	108	*Macrocystidia cucumis* (Pers.) Joss.	118
Lactarius torminosus (Schaeff.) Gray	107	*Macrolepiota excoriata* (Schaeff.) Wasser	114
Lactarius uvidus (Fr.) Fr.	108	*Macrolepiota procera* (Scop.) Singer	115
Lactarius volemus (Fr.) Fr.	108	*Macrolepiota mastoidea* (Fr.) Sing	165
Laetiporus sulphureus (Bull.) Murrill	58 163 190 204	*Marasmiellus enodis* Singer	115
Leccinum aurantiacum (Bull.) Gray	142 205	*Marasmius androsaceus* (L.)Fr.	164 182
Leccinum extremiorientale (Lar.N. Vassiljeva) Singer	142	*Marasmius nigripes* Pat.	164
Leccinum scabrum (Bull.) Gray	142	*Marasmius oreades* (Bolton) Fr.	115 165
Lentinellus cochleatus (Pers.) P. Karst.	109	*Marasmius pulcherripes* Peck	115
Lentinellus ursinus (Fr.) Kühner	110	*Marasmius* sp.	164 167
Lentinula edodes (Berk.) Pegler	113 191	*Megacollybia platyphylla* (Pers.) Kotl. & Pouzar	119
Lentinus cyathiformis (Schaeff.) Bres.	109	*Melanoleuca brevipes* (Bull.) Pat.	119
Lentinus strigosus Fr.	111	*Melanoleuca verrucipes* (Fr.) Singer	114
Lentinus suavissimus Fr.	111	*Microstoma aggregatum* Otani	40~41

拉丁学名索引

Microstoma floccosaum (Schwein.) Raitv.	39
Morchella conica Pers.	39
Morchella crassipes (Vent.) Pers.	42
Morchella esculenta (L.) Pers.	195 204
Morchella spongiola Bond.	42
Mucilago crustacea P. Micheli ex F.H. Wigg.	159
Multiclavula clara (Berk. & M.A. Curtis) R.H. Petersen	72
Mutinus caninus (Huds.) Fr.	152
Mycena adonis (Bull.) Gray	118
Mycena alphitophora (Berk.) Sacc.	115
Mycena epipterygia (Scop.) Gray	116～117
Mycena galericulata (Scop.) Gray	118
Mycena haematopus (Pers.) P. Kumm.	115 173
Mycena pura (Pers.) P. Kumm.	119
Mycena stylobates (Pers.) P. Kumm.	118
Mycena Corynephora Mass	162
Mycoleptodonoides aitchisonii (Berk.) Maas Geest.	68

N

Neolecta irregularis (Peck) Korf & J.K. Rogers	42
Neolentinus lepideus (Fr.) Redhead & Ginns	119
Nidula niveotomentosa (Henn.) Lloyd	152

O

Omphalina lilaceorosea Svrček & Kubička	121
Omphalotus japonicus (Kawam.) Kirchm. & O.K. Mill.	120 162 200
Onnia scaura (Lloyd) Imazeki	59
Onnia tomentosa (Fr.) P. Karst	59
Ophiocordyceps sinensis (Berk.) G.H.Sung, J.M.Sung,Hywel-Jones & Spatafora	178
Ophiocordyceps sphecocephala (Klotzsch ex Berk.) G.H. Sung, J.M. Sung, Hywel- Jones & Spatafora	42
Ossicaulis lignatilis (Pers.) Redhead & Ginns	120
Osteina obducta (Berk.) Donk	59
Otidea cochleata (Huds.) Fuckel	43
Oudemansiella brunneomarginata Lj.N. Vassiljeva	120
Oudemansiella mucida (Schrad.) Höhn.	120
Oxyporus populinus (Schumach.) Donk	59
Oxyporus sinensis X. L. Zeng	59

P

Panaeolus papilionaceus (Bull.) Quél.	121 202
Panellus edulis Y.C. Dai, Niemelä & G.F. Qin	121 195
Panellus stipticus (Bull.) P. Karst.	202
Panus adhaerens (Alb. & Schwein.: Fr.) Corner	122
Panus conchatus (Bull.) Fr.	124
Panus giganteus (Berk.) Corner	122
Parasola leiocephala (P.D. Orton) Redhead, Vilgalys & Hopple	123
Parmastomyces taxi (Bondartsev) Y.C. Dai & Niemelä	60～61
Paxillus involutus (Batsch)Fr.	124
Peziza domiciliana Cooke	43
Peziza vesiculosa Bull.	43
Phaeolus schweinitzii (Fr.) Pat.	62
Phallus costatus (Penz.) Lloyd	153
Phallus impudicus L.	153
Phallus rubicundus (Bosc) Fr.	153
Phallus indusiatus Vent.	194
Phellinus igniarius (L.)Quél	179
Phellinus lonicericola Parmasto	64
Phellinus vaninii Ljub.	157
Phlebia tremellosa (Schrad.) Nakasone & Burds.	76
Pholiota adiposa (Batsch) P. Kumm.	125 188
Pholiota alnicola (Fr.) Singer	125
Pholiota aurivella (Batsch) P. Kumm.	126 162
Pholiota flammans (Batsch) P. Kumm.	121
Pholiota highlandensis (Peck) A.H. Sm. & Hesler	125
Pholiota lenta (Pers.) Singer	127
Pholiota lubrica (Pers.) Singer	125
Pholiota nameko (T. Ito) S. Ito & S. Imai	192
Pholiota populnea (Pers.) Kuyper & Tjall.-Beuk.	130
Pholiota spumosa (Fr.) Singer	124
Pholiota squarrosa (Vahl) P. Kumm.	126
Pholiota squarrosoides (Peck) Sacc.	123
Pholiota terrestris Overh.	127

Colorful World of Mushrooms 223

Phyllotopsis nidulans (Pers.) Singer	128~129	*Pycnoporus coccineus* (Fr.) Bondartsev & Singer	62
Phylloporus bellus (Massee) Corner	143	**R**	
Physalacria lateriparies X. He & F.Z. Xue	123	*Radulodon copelandii* (Pat.) N. Maek.	158
Piptoporus betulinus (Bull.) P. Karst.	63	*Ramaria botrytoides* (Peck) Corner	73
Pisolithus arhizus (Scop.) Rauschert	153	*Ramaria flava* (Schaeff.) Quél.	73
Pistillaria petasitidis S. Imai	73 164	*Ramaria mairei* Donk	72
Pleurocybella porrigens (Pers.) Singer	130	*Ramaria stricta* (Pers.) Quél.	73
Pleuroflammula flammea (Murrill) Singer	131	*Resupinatus applicatus* (Batsch) Gray	132
Pleurotus calyptratus (Lindblad) Sacc.	121	*Resupinatus trichotis* (Pers.) Singer	132
Pleurotus citrinopileatus Singer	130 188 204	*Reticularia lycoperdon* Bull.	159
Pleurotus djamor (Rumph.Fr.)Boedjin	131	*Rhizina undulata* Fr.	44 166
Pleurotus eryngii (DC.) Quél.	193	*Rhodocollybia butyracea* (Bull.) Lennox	136
Pleurotus ostreatus (Jacq.)P.Kumm.	124 192	*Rhodocollybia maculata* (Alb. & Schwein.) Singer	133
Pleurotus pulmonarius (Fr.) Quél.	126 162	*Rhodophyllus aborticus* (Berk. et Curt.)Sing.	132
Pluteus aurantiorugosus (Trog) Sacc.	123	*Rhodophyllus crassipes*	
Pluteus cervinus (Schaeff.) P. Kumm.	131	(Imazeki & Toki) Imazeki & Hongo	132
Pluteus chrysophaeus (Schaeff.) Quél.	122	*Rhodotus palmatus* (Bull.) Maire	132
Pluteus leoninus (Schaeff.) P. Kumm.	127	*Rickenella fibula* (Bull.) Raithelh.	133 168
Pluteus petasatus (Fr.) Gillet	130	*Royoporus badius* (Pers.) A.B. De	64
Pluteus thomsonii (Berk. & Broome) Dennis	130	*Russula aeruginea* Fr.	136
Pluteus umbrosus (Pers.) P. Kumm.	122	*Russula aurea* Pers.	133
Podostroma alutaceum (Pers.) G.F. Atk.	43	*Russula cyanoxantha* (Schaeff.) Fr.	134
Polyporus brumalis (Pers.) Fr.	63	*Russula delica* Fr.	135
Polyporus squamosus (Huds.) Fr.	62	*Russula emetica* (Schaeff.) Pers.	133
Polyporus umbellatus (Per.)Fr.	181	*Russula foetens* (Pers.) Pers.	133
Polyporus varius (Pers.) Fr.	63	*Russula fragilis* Fr.	135
Poronidulus conchifer (Schwein.) Murrill	64	*Russula nigricans* (Bull.) Fr.	136
Postia caesia (Schrad.) P. Karst.	63	*Russula ochroleuca* (Pers.) Fr.	136
Protodaedalea hispida Imazeki	49	*Russula paludosa* Britzelm.	134
Psathyrella candolleana (Fr.) Maire	123	*Russula rosacea* (Bull.) Fr.	134
Psathyrella gracilis (Fr.) Quél.	131	*Russula sanguinea* (Bull.) Fr.	136
Psathyrella velutina (Pers.) Singer	126	*Russula senecis* S. Imai	135
Pseudoclitocybe cyathiformis (Bull.) Singer	122	*Russula sororia* Fr.	135
Pseudohydnum gelatinosum (Scop.) P. Karst.	48	*Russula virescens* (Schaeff.) Fr.	134
Pseudomerulius curtisii (Berk.) Redhead & Ginns	131	**S**	
Psilocybe coprophila (Bull.) P. Kumm.	165 201	*Sarcodontia spumea* (Sowerby) Spirin	65
Pterula multifida (Chevall.) Fr.	70~71	*Sarcoscypha coccinea* (Jacq.) Sacc.	45

Sarcoscypha occidentalis (Schwein.) Sacc.	44	*Trichaptum biforme* (Fr.) Ryvarden	66
Schizophyllum commune Fr.	137 191	*Trichoglossum hirsutum* (Pers.) Boud.	45
Scleroderma areolatum Ehrenb.	154	*Tricholoma fulvum* (Fr.) Bigeard & H. Guill.	139
Scleroderma citrinum Pers.	154	*Tricholoma matsutake* (S.Ito & S.Imai)Singer	184
Scutellinia scutellata (L.) Lambotte	44	*Tricholoma mongolicum* S. Imai	193
Sebacina incrustans (Pers.) Tul. & C. Tul.	159	*Tricholoma myomyces* (Pers.) J.E. Lange	137
Shiraia bambusicola Henn.	180	*Tricholoma populinum* J.E. Lange	193
Sinofavus allantosporus W. Y. Zhuang & Tolgor	158	*Tricholomopsis decora* (Fr.) Singer	137
Sparassis latifolia Y.C. Dai & Zh. Wang	65 190	*Tricholomopsis rutilans* (Schaeff.) Singer	139
Spathularia flavida Pers.	45	*Tubaria confragosa* (Fr.)Harmaja	139
Sphaerobolus stellatus Tode	154	*Tubaria furfuracea* (Pers.)Gillet	138
Spinellus fusiger (Link)Tiegh.	173	*Tuber indicum* Cooke & Massee	184
Squamanita umbonata (Sumst.) Bas	137	*Tulostoma bonianum* Pat.	154
Stemonitis sp.	157	*Tylopilus chromapes* (Frost) A.H. Sm. & Thiers	145
Stereum hirsutum (Willd.) Pers.	64	*Tylopilus neofelleus* Hongo	145
Stereum subtomentosum Pouzar	65	**U**	
Strobilomyces strobilaceus (Scop.) Berk.	144	*Urnula craterium* (Schwein.) Fr.	45
Stropharia aeruginosa (Curtis) Quél.	137	*Ustilago maydis* (DC.)Corda	171
Stropharia semiglobata (Batsch) Quél.	165	**V**	
Suillus granulatus (L.) Roussel	143 189	*Verpa bohemica* (Krombh.) J. Schrot.	46
Suillus grevillei (Klotzsch) Singer	144	*Verpa conica* (O.F. Müll.) Sw.	45
Suillus luteus (L.) Roussel	144	*Verpa digitaliformis* Pers.	46
Suillus pictus (Peck) A. H. Sm. & Thiers	173	*Volvariella bombycina* (Schaeff.) Singer	140
Suillus tomentosus (Kauffman) Singer	145	*Volvariella gloiocephalla* (DC.) Boekhout & Enderle	140
Suillus viscidus (L.) Roussel	143	*Volvariella pusilla* (Pers.) Singer	140
T		*Volvariella volvacea* (Bull.)Singer.	194
Tapinella atrotomentosa (Batsch)Šutara	139	**W**	
Tapinella panuoides (Batsch) E.-J. Gilbert	139	*Wolfiporia extensa* (Peck)Ginns	181
Terana caerulea (Lam.) Kuntze	74	**X**	
Thelephora palmata (Scop.) Fr.	74	*Xeromphalina campanella* (Batsch) Maire.	140 163 166
Trametes trogii Berk.	66 168	*Xeromphalina cauticinalis* (With.) Kühner & Maire	140
Trametes versicolor (L.) Lloyd	66 182	*Xylaria pedunculata* (Dicks.) Fr.	46
Tremella aurantialba Bandoni & M.Zang	183	*Xylaria hypoxylon* (L.) Grev.	46
Tremella fimbriata Pers.: Fr.	49	*Xylaria polymorpha* (Pers.) Grev.	46
Tremella foliacea Pers.	49	*Xylobolus frustulatus* (Pers.) Boidin	66
Tremella fuciformis Berk.	49 157 185		
Tremella mesenterica Schaeff.	50～51		

后 记

我学习蘑菇并不偶然，1995年我如愿考上了我国著名菌物学家李玉院士的博士研究生，成为了一名蘑菇博士。从那时起我不停地奔波在吉林、辽宁、黑龙江、内蒙古、山东等省（自治区）以及日本、蒙古、俄罗斯远东地区，即在东北亚的大部分地区进行蘑菇资源调查和标本采集。因此，本书的主要素材来自于这些地区，少部分物种选择了来自国内其他省份甚至欧洲的物种。本书在内容和风格上有别于一般的图鉴，更不是真菌志，而是一本力求科学性、趣味性和欣赏性相统一的科普读物。

当金色的秋天，肩扛着照相机，一人走在林中，看着眼前倒木上、落叶上、树干上、地面上的形色各异的蘑菇，内心顿时兴奋起来，把生活当中的一切烦恼统统忘在了脑后，在小小蘑菇面前情不自禁地跪着、爬着，用自己最难看的姿势想法捕捉到最满意的蘑菇图像。一天下来，身上所有裸露的部位被蚊虫叮咬得红肿、发痒、发痛，而痛的感觉只有走出山林后才发觉。到了第二天又抱着新的希望走进山里，因为这是我的工作，也是我的爱好，更是我的事业。朋友告诉我，假如工作能满足爱好则是一个人最大的快乐。

好多年过去了，我这个从草原走出来的学子成长为一名地地道道的菌物学工作者，我也培养了几十名真菌专业博士、硕士研究生。在长期的教学和科研过程中积累了不少有关蘑菇的一手资料，包括图片，心里留下很多关于蘑菇的故事。突然有一天我想好东西应该和朋友们共享，于是产生了写书的念头，想写一本一般人甚至小孩子都能读懂的蘑菇书。我们国家的生物类图书中动植物的图书占绝大多数，蘑菇类图书尤其是蘑菇类科普读物少之又少。如果我的一点一滴的工作能够弥补这一缺憾，同时唤醒人们对大自然的喜爱，使你再次踏进大自然的时候能够多一点关注你手下、脚下的小小的蘑菇世界，进而对它产生兴趣，甚至想把你的一部分精力投入到蘑菇事业中来，那将是我最大的快乐，也是出版本书的意义所在。

本书的野外考察工作获得教育部"长江学者和创新团队发展计划"项目（IRT1134）、国家自然科学基金面上项目（31070013、30370010、30670049）和国际合作项目（30411120448、30510154）以及国家外专局项目、"泰山学者"建设专项等项目的资助。

本书的出版得到了我的老师、同行、同事和我的学生们的鼓励与参与，得到了上海科学普及出版社同仁的高度重视和支持，在此谨表谢意！

图力古尔
2012年1月

作者简介

蘑菇博士图力古尔，蒙古族，1962年11月出生于内蒙古科尔沁草原，1987年毕业于内蒙古师范大学生物系，1990年获东北师范大学生物系理学硕士学位，1998年获吉林农业大学农学博士学位，1999年应国家人事部派遣赴日本研修菌物学一年。现任吉林农业大学菌物学教授、博士生导师，"菌物资源保育与可持续利用"教育部创新团队带头人，鲁东大学特聘教授、食用菌技术"泰山学者"。主要从事东北亚地区菌物生物多样性及资源开发研究。出版了《大青沟自然保护区菌物多样性》、《中国长白山蘑菇》等著作6部，发表论文100多篇。